全国职业教育“十三五”规划教材

电力拖动与控制线路

温伟雄　邵兴周　汪云　主编

兵器工业出版社

内容简介

本书采用任务模块形式，根据当前企业实际生产应用设置了八个学习任务。每个任务都以学习任务描述、收集相关信息、制定维修计划、实施维修作业、任务工作单五个部分为基础，作出了详细的系统讲解。本书主要包括：砂轮机手动控制电路的安装与检修、小型立式钻床点动正转控制电路的安装与检修、碾米机接触器自锁正转控制电路的安装与检修、行车（带位置）控制正反转控制电路的安装与检修、大型通风机降压启动（Y—Δ）控制电路的安装与检修、起重机断电电磁制动控制电路的安装与检修、单向异步电动机正转控制电路的安装与检修、CA6140 车床电气控制电路的安装与检修。

本书可作为职业院校、技工院校电气设备与机电设备安装与检修技能人员的用书，也可供相关人员参考使用。

图书在版编目（ＣＩＰ）数据

电力拖动与控制线路 / 温伟雄，邵兴周，汪云主编
. -- 北京 ： 兵器工业出版社，2015.9
ISBN 978-7-5181-0144-3

Ⅰ. ①电… Ⅱ. ①温… ②邵… ③汪… Ⅲ. ①电力传动－自动控制系统 Ⅳ. ①TM921.5

中国版本图书馆 CIP 数据核字（2015）第 221643 号

出版发行：兵器工业出版社
发行电话：010-68962596，68962591
邮　　编：100089
社　　址：北京市海淀区车道沟 10 号
经　　销：各地新华书店
印　　刷：冯兰庄兴源印刷厂
版　　次：2020 年 8 月第 1 版第 2 次印刷
印　　数：3001 - 6000

责任编辑：陈红梅　杨俊晓
封面设计：赵俊红
责任校对：郭　芳
责任印制：王京华
开　　本：787×1092　1/16
印　　张：8.5
字　　数：294 千字
定　　价：28.00 元

前 言

随着教育事业的发展，教育部明确指出，要以促进就业为目标，进一步转变职业院校办学指导思想，实行多变、灵活、开放式的人才培养方式，把教育教学与生产实践、社会服务结合起来，加强实践教学和就业能力的培养。

本书内容涵盖了传统的电气控制。针对不同的控制特点，通过具体的应用实例引出问题，引发学生思考、自主学习、研究、讨论，并在教师的指导下逐步解决问题，使学生在实验台实际操作并完成电气控制设计任务以及外部元件安装接线图、布置图等。在学习知识的过程中，学生不仅可以培养对问题故障的分析能力，还能更好地解决问题，为毕业后的工作打下坚实的基础。

为积极推进课程改革和教材建设，满足职业教育改革与发展的需要，本书本着“必需、够用”的原则，以“讲清概念、强化应用”为主旨，依据各种新材料、新工艺、新标准，组织编写了本书。本书的编写力求突出以下特色：

（1）依据现行的相关国家标准和行业标准，结合高等职业教育要求，以学生为主体、以就业指导为目标，在内容上注重与实际要求紧密结合，同时体现教学组织的科学性和灵活性；在编写过程中，注重理论性、基础性，有助于学生知识与能力的协调发展。

（2）编写内容以电气控制为主题，采用图、表、文相结合的编写形式，以扩大学生的知识面。

（3）以任务模块、相关内容、检修划分知识章节，使本书条理清晰、目标明确，给学生的学习和教师的教学作出引导，并帮助学生从更深的层次思考、学习和应用。

本书共分为八个模块，内容包括：砂轮机手动控制电路的安装与检修、小型立式钻床点动正转控制电路的安装与检修、碾米机接触器自锁正转控制电路的安装与检修、行车（带位置控制）正反转控制电路的安装与检修、大型通风机降压启动（Y-Δ）控制电路的安装与检修、起重机断电电磁制动控制电路的安装与检修、单向异步电动机正转控制电路的安装与检修、CA6140车床电气控制电路的安装与检修。内容系统全面、层次清晰、图文并茂、实用性强。

本书编写过程中得到了有关院校老师的大力支持与帮助；很多常年工作在施工生产一线的建筑施工技术人员和工程师，也为本书提供了不少宝贵的实践经验，使本书更加适合读者学习，内容更加丰富，在此谨向他们表示衷心的感谢。

限于编者的专业水平和实践经验，书中仍难免有疏漏或不妥之处，恳请广大读者批评指正。

编 者

《电力拖动与控制线路》
编委会

主　编　温伟雄　邵兴周　汪　云

副主编　胡　云　汪江贵

参　编　郭俊宏　赵兴福　侯正佑　谢致云

目 录

任务一　砂轮机手动控制电路的安装与检修

【学习目标】

- 了解手动正转控制电路的组成、工作原理；
- 掌握砂轮机的机构组成、运动形式、控制原理；
- 认识熔断器、负荷开关、断路器等低压电器的外观、结构、图形符号、文字符号；
- 识别和选用元器件，按图样、工艺要求安装元器件、连接电路；
- 用仪表检测电路安装的正确性，按照安全操作规程通电试运行。

一、学习任务描述

2007 年 8 月某日，某公司举行技能比赛，其中一台 M340 型砂轮机对车刀进行打磨加工。由于原砂轮机上的轮片不适于车刀的精度打磨，于是换上了一块新的砂轮片。当打磨至第二把车刀时，运行中的砂轮机无任何异常情况。在打磨第三把车刀时，砂轮片听突然越转越慢直至最后停止。如果你是专业维修人员，请你找出砂轮机出现故障的原因并对其进行检修。

二、砂轮机手动控制电路

（一）砂轮机的结构

砂轮机（如图 1-1 所示）主要由基座、砂轮、电动机或其他动力源、托架、防护罩和给水器组成。砂轮设置于基座的顶部，基座内部具有可供放置动力源的空间，动力源通过减速器将动力传递给砂轮。减速器具有一穿出基座顶面的传动轴供固接砂轮，基座对应砂轮的底部位置具有一凹陷的集水区，集水区向外延伸一流道。给水器设置于砂轮一侧上方，给水器内具有一个盛装水液的空间，且给水器对应砂轮的一侧具有一出水口。砂轮机的传动机构十分精简、完善，这使得打磨工件的过程更加方便、顺畅，且提高了砂轮机的打磨功效。

图 1-1　砂轮机

（二）熔断器

熔断器是根据电流超过规定值一定时间后，以其自身产生的热量使熔体熔化，从而使电路断开的原理制成的一电流保护器。熔断器广泛应用于低压配电系统和控制系统及用电设备中，作为短路和过电流保护，是应用最普遍的保护器件之一。

熔断器是一种过电流保护电器。熔断器主要由熔体和熔管两个部分及外加填料等组成。使用时，将熔断器串联于被保护电路中，当被保护电路的电流超过规定值，并经过一定时间后，由熔体自身产生的热量熔断熔体，使电路断开，起到保护的作用。

以金属导体作为熔体而分断电路的电器。串联于电路中，当过载或短路电流通过熔体时，熔体自身将发热而熔断，从而对电力系统、各种电工设备及家用电器起到保护作用。具有反时延特性，当过载电流小时，熔断时间长；过载电流大时，熔断时间短。因此，在一定过载电流范围内至电流恢复正常，熔断器不会熔断，可以继续使用。熔断器主要由熔体、外壳和支座 3 部分组成，其中熔体是控制熔断特性的关键元件。

图 1-2　熔断器

熔断器型号及含义如下：

□ □ □—□/□

- 熔体额定电流（A）
- 熔断器额定电流（A）
- 设计代号
- 型号：C—瓷插式；L—螺旋式；M—无填料密封管式；T—有填料密封管式；S—快速式；Z—自复式
- R—熔断器

如型号为 RC1A-15/10 的低压电器，R 表示熔断器，C 表示瓷捕式，设计代号为 1A，熔断器额定电流为 15A，熔体额定电流为 10A。

1．熔断器的结构、工作原理和主要技术参数

（1）熔断器的结构

熔断器结构上一般由熔断管（或座）、熔体、填料及导电部件等组成。其中，熔断管一般由硬质纤维或瓷质绝缘材料制成封闭或半封闭式管状外壳，熔体装于其内，并有利于熔体熔断时熄灭电弧；熔体是由金属材料制成不同的丝状、带状、片状或笼形，除丝状外，其他通常制成变截面积结构，目的是改善熔体材料性能及控制不同故障情况下的熔化时间。

（2）熔断器的工作原理

熔断器在使用时，熔体与被它保护的电路及电气设备串联，当通过熔体的电流为正常工作电流时，熔体的温度低于材料的熔点，熔体不熔化；当电路中发生过载或短路时，通过熔体的电流增加，熔体的电阻损耗增加，使其温度上升，达到熔体金属的熔点，于是熔体自行熔断，故障电路被分断，完成保护任务。

（3）熔断器的主要技术参数

1）额定电压（U_N）。它是指熔断器长期工作所能承受的电压。如果熔断器的实际工作电压大于其额定电压，熔体熔断时可能会发生电弧不能熄灭的危险。

2）额定电流（I_N）。它是指保证熔断器能跃期正常工作的电流，是由熔断器各部分长期工作时的允许温升决定的。熔断器的额定电流与熔体的额定电流是两个不同的概念。熔体的额定电流是指在规定的工作条件下，长时间通过熔体而熔体不熔断的最大电流值。通常，一个额定电流等级的熔断器可以配用若干个额定电流等级的熔体，但要保证熔体的额定电流值不能大于熔断器的额定电流值。例如，型号为 RL 1-15 的熔断器，熔断器的额定电流为 15A，但可以配用额定电流为 2A、4A、6A、10A 和 15A 的熔体。

3）分断能力。它是指在规定的使用和性能条件下，在规定电压下熔断器能分断的预期分断电流值。常用极限分断电流值来表示。

4）时间电流特性它也称为安一秒特性或保护特性，是指在规定的条件下，表征流过熔体的电流与熔体熔断时间的关系曲线，如图 1-3 所示。从图 1-3 上可以看出，熔断器的熔断时间随电流的增大而减小。

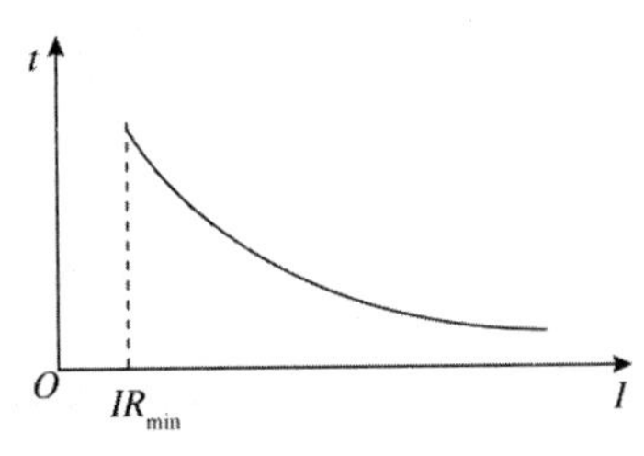

图 1-3　熔断器的时间电流特性

一般熔断器的熔断电流与熔断时间的关系如表 1-1 所示。

表 1-1 熔断器的熔断电流与熔断时间的关系

熔断电流 I_s	$1.25I_N$	$1.6I_N$	$2.0I_N$	$2.5I_N$	$3.0I_N$	$4.0I_N$	$8.0I_N$	$10.0I_N$
熔断时间 t/s	∞	3600	40	8	4.5	2.5	1	0.4

由表 1-1 可以看出，熔断器对过载反应很不灵敏，当电气设备发生轻度过载时，熔断器将持续很长时间才能熔断，有时甚至不熔断。因此，除在照明和电加热电路外，熔断器一般不宜用作过载保护，主要用作短路保护。

2．熔断器的图形符号和文字符号

熔断器的图形符号和文字符号如图 1-2b 所示。

3．熔断器的选用

熔断器有不同的类型和规格。对熔断器的要求是：在电气设备正常运行时，熔断器应不熔断；在出现短路故障时，应立即熔断；在电流发生正常变动（如电动机启动过程）时，熔断器应不熔断：在用电设备持续过载时，应延时熔断。对熔断器的选用主要包括熔断器类型、、熔断器额定电压和额定电流、熔体额定电流的选用。

（1）熔断器类型的选用

根据使用环境、负载性质和短路电流的大小选用适当类型的熔断器。例如，对于容量较小的照明电路，可选用 RT 系列圆筒帽形熔断器或 RC1A 系列瓷插式熔断器；对于短路电流相当大或有易燃气体的地方，应选用 RT 系列有填料封闭管式熔断器；在机床控制电路中，多选用 RL 系列螺旋式熔断器；用于半导体功率器件及晶闸管的保护时，应选用 RS 或 RLS 系列快速熔断器，几种熔断器如图 1-4 所示。

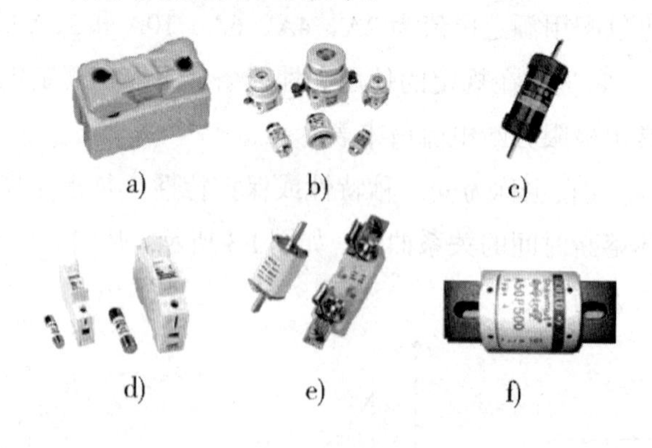

图 1-4 几种熔断器

a）瓷插式；b）RL1、RLS 系列螺旋式；c）RM10 系列无填料封闭管式；

d）RT18 系列圆筒帽形；e）RT15 系列螺栓连接；f）RT0 系列有填料封闭管式

（2）熔断器额定电压和额定电流的选用

熔断器的额定电压必须大于或等于电路的额定电压；熔断器的额定电流必须大于或等于所装熔体的额定电流。

（3）熔体额定电流的选用

1）对照明和电热等电流较平稳、无冲击电流的负载的短路保护，熔体的额定电流应稍大于或等于负载的额定电流。

2）对一台不经常启动且启动时间不长的电动机的短路保护，熔体的额定电流 I_{RN} 应大于或等于 1.5~2.5 倍电动机额定电流 I_N，即：

$$I_{RN} \geqslant (1\ 5\sim2.5)\ I_N$$

3）对多台电动机的短路保护，熔体的额定电流应大于或等于其中最大功率电动机的额定电流 I_{Nmax} 的 1.5~2.5 倍，加上其余电动机额定电流的总和 ΣI_N，即

$$I_{RN} \geqslant (1.5\sim2.5)\ I_{Nmax}+\Sigma I_N$$

4．熔断器的安装与使用

（1）用于安装与使用的熔断器应完整无损，并具有额定电压和额定电流值标志。

（2）熔断器安装时应保证熔体与夹头、夹头与夹座接触良好。瓷插式熔断器应垂直安装。螺旋式熔断器接线时，电源线应接在下接线座上，负载线应接在上接线座上，以保证能安全地更换熔管。

（3）熔断器内要安装合格的熔体，不能用多根小规格的熔体并联代替一根大规格的熔体。在多级保护的场合，各级熔体应相互配合，上级熔断器的额定电流等级以大于下级熔断器的额定电流等级两级为宜。

（4）更换熔体或熔管时，必须切断电源，尤其不允许带负荷操作，以免发生电弧灼伤。管式熔断器的熔体应用专用的绝缘插拔器进行更换。

（5）对 RM10 系列熔断器，在切断三次相当于分断能力的电流后，必须更换熔断管，以保证能可靠地切断所规定分断能力的电流。

（6）熔体熔断后，应分析原因排除故障后，再更换新的熔体。在更换新的熔体时，不能轻易改变熔体的规格，更不准随便使用铜丝或铁丝代替熔体。

（7）熔断器兼作隔离器件使用时，应安装在控制开关的电源进线端；若仅作短路保护用，应装在控制开关的出线端。

（三）低压开关

在日常生活和工作中低压开关经常看到，如：在居民楼或办公楼里使用如图 1-5a 所示的开关箱，箱中的低压断路器控制着电灯、空调、电风扇等照明及家用、办公电器。

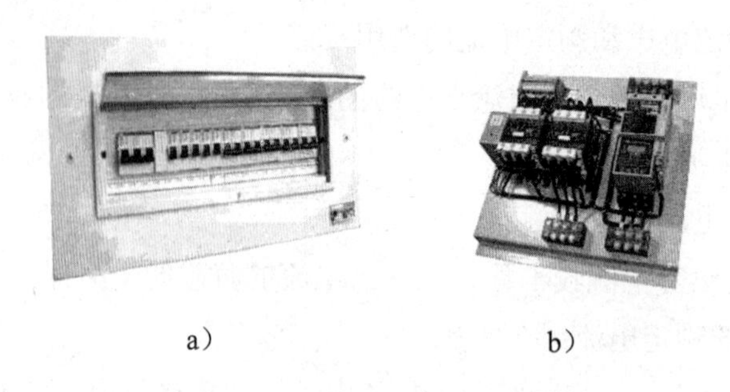

a）　　　　b）

图 1-5　实际中常用的低压开关

a）开关箱中的低压断路器；b）手动控制电动机 Y - △减压启动

如图 1-5b 所示为用开启式负荷开关和倒顺开关来手动控制电动机 Y - △减压启动。在电力拖动控制系统中，低压开关多数用作机床电路的电源开关和局部照明电路的控制开关，有时也可用来直接控制小功率电动机的启动、停止和正反转。下面就来学习常用的低压开关—负荷开关、组合开关和低压断路器。

1．负荷开关

负荷开关分为开启式负荷开关和封闭式负荷开关两种。

（1）开启式负荷开关

1）功能。如图 1-6 所示为生产中常用的 HK 系列开启式负荷开关，俗称瓷底胶盖刀开关，简称刀开关。它的结构简单，价格便宜，适用于交流 50Hz 额定电压单相 220V 或三相 380V。额定电流 10~100A 的照明、电热设备及小功率电动机控制电路中，供手动不频繁地接通和分断电路，并起短路保护。

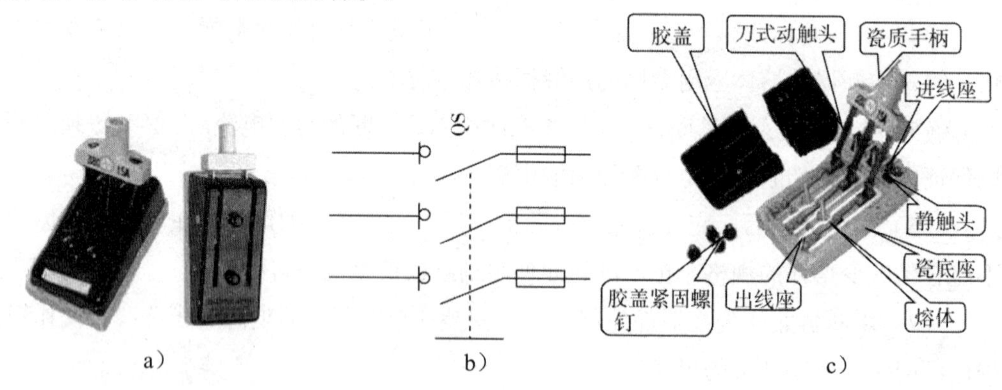

a）　　　　b）　　　　c）

图 1-6　HK 系列开启式负荷开关

a）外形；b）符号；c）结构

2）结构与符号。开启式负荷开关的结构与符号如图 1-6b、c 所示。开关的瓷底座上装有进线座、静触头、熔体、出线座和带瓷质手柄的刀式动触头，上面盖有胶盖以防止操作

时触及带电体或分断时产生的电弧飞出伤人。

开启式负荷开关的型号及含义如下：

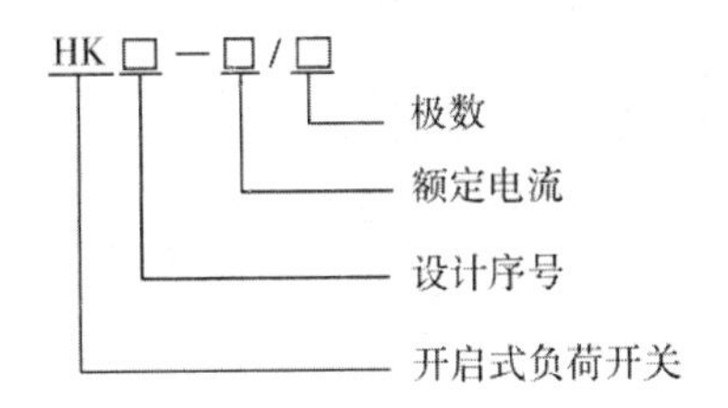

3）选用。HK 开启式负荷开关用于一般的照明电路和功率小于 5.5kW 的电动机控制电路中。但这种开关没有专门的灭弧装置，其刀式动触头和静夹座易被电弧灼伤引起接触不良，因此不宜用于操作频繁的电路，具体选用方法如下：

①用于照明和电热负载时，选用额定电压 220V 或 250V，额定电流大于或等于电路中所有负载额定电流之和的两极开关。

②用于控制电动机的直接启动和停止时，选用额定电压 380V 或 500V，额定电流大于或等于电动机额定电流三倍的三极开关。

4）安装与使用。开启式负荷开关必须垂直安装在控制屏或开关板上，且合闸状态时手柄应朝上不允许倒装或平装，以防发生误合闸事故。

①开启式负荷开关控制照明和电热负载使用时，要装接熔断器作短路保护和过载保护。接线时应把电源进线接在静触头一边的进线座，负载接在动触头一边的出线座。

②开启式负荷开关用作电动机的控制开关时，应将开关的熔体部分用铜导线直接连接，并在出线端另外加装熔断器作短路保护。

③在分闸和合闸操作时，应动作迅速，使电弧尽快熄灭。更换熔体时，必须在开关断开的情况下按原规格更换。

5）常见故障及处理方法。开启式负荷开关最常见的故障是触头接触不良．造成电路开路或触头发热，可根据情况整修或更换触头。

（2）封闭式负荷开关

1）功能。如图 1-7 所示为 HH 系列封闭式负荷开关，它是在开启式负荷开关的基础上改进设计的一种开关，因其外壳多为铸铁或用薄钢板冲压而成，故俗称铁壳开关。它适用于交流频率 50Hz、额定工作电压 380V、额定工作电流 400A 的电路中，用于手动不频繁地接通和分断带负载的电路及电路末端的短路保护，也可用于控制 15kW 以下小功率交流电动机的不频繁直接启动和停止。

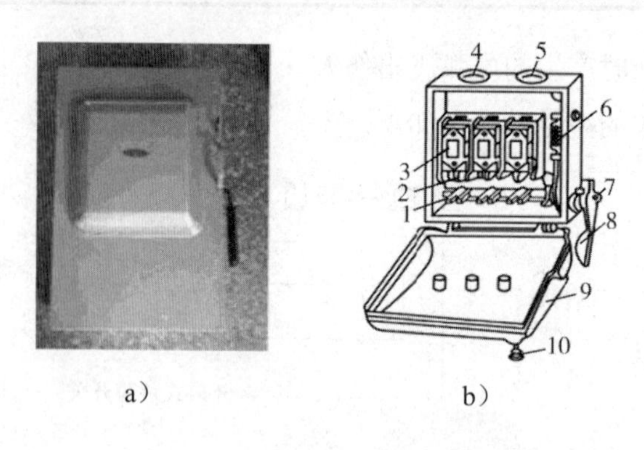

图 1-7 HH 系列封闭式负荷开关

a）外形；b）结构

1-动触头；2-静夹座；3-熔断器；4-进线孔；5-出线孔；

6-速断弹簧；7-转轴；8-手柄；9-罩盖；10-罩盖锁紧螺栓

2）结构特点与型号含义。常用的 HH 系列封闭式负荷开关在结构上设计成侧面旋转操作式，主要由操作机构、熔断器、触头系统和铁壳组成。操作机构具有快速分断装置，开关的闭合和分断速度与操作者手动速度无关，从而保证了操作人员和设备的安全；触头系统全部封装在铁壳内，并带有灭弧室以保证安全；罩盖与操作机构设置了联锁装置，保证了开关在合闸状态下罩盖不能开肩，而当罩盖开肩时又不能合闸。另外，罩盖也可以加锁，确保专人操作。

封闭式负荷开关在电路图中的符号与开启式负荷开关相同，其型号及含义如下：

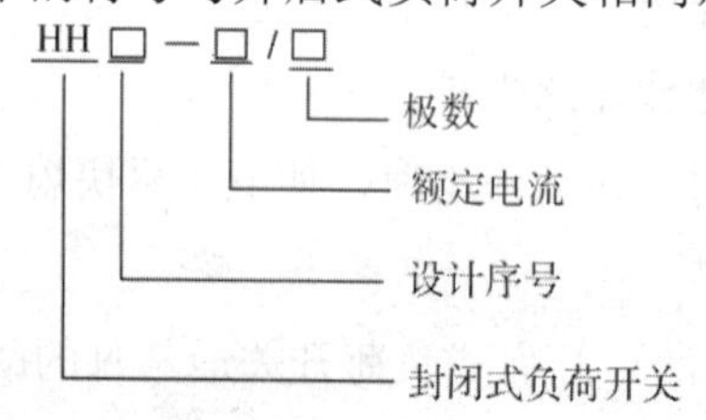

3）选用。封闭式负荷开关的额定电压应大于或等于工作电路的额定电压；额定电流应稍大于或等于电路的工作电流。用于控制电动机工作时，考虑到电动机的启动电流较大，应使开关的额定电流大于或等于电动机额定电流的三倍。

4）安装与使用。封闭式负荷开关必须垂直安装于无强烈振动和冲击的场合，安装高度一般离地面不低于 1.3~1.5m，外壳必须可靠接地。接线时，应将电源进线接在静夹座一边的接线端子上，负载引线接在熔断器一边的接线端子上，且进出线都必须穿过开关的进出线孔。在进行分合闸操作时，要站在开关的手柄侧，不准面对开关，以免因意外故障电流使开关爆炸，铁壳飞出伤人。

5）常见故障及处理方法如表 1-2 所示。

表 1-2 负荷开关常见故障及处理方法

故障现象	可能原因	处理方法
操作手柄带电	外壳未接地或接地线松脱	检查后，加固接地导线
	电源进出线绝缘损坏碰壳	更欢导线或恢复绝缘
夹座（静触头）过热或烧坏	夹座表面烧毛	用细锉修整夹座
	动触头与夹座压力不足	调整夹座压力
	负载过大	减轻负载或更换大容量开关

目前，封闭式粉盒开涮的使用有逐步减少的趋势，取而代之的是低压断路器。

2．组合开关

如图 1-8 所示为 HZ10-10/3 型组合开关，又称为转换开关，其特点是体积小、触头数量多、接线方式灵活、操作方便。它适用于交流 50Hz、电压 380V 以下、直流 220V 及以下的电气控制电路中，供手动不频繁地接通和分断电路，换接电源和负载，也可以用于控制 5kW 以下小功率电动机启动、停止和正反转。

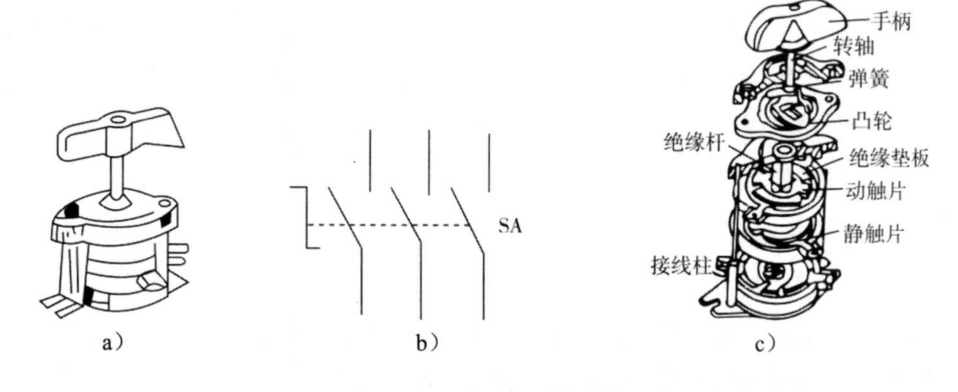

图 1-8 HZ10-10/3 型组合开关

a）外形；b）电气符号；c）结构

（1）组合开关的结构与型号含义

组合开关的种类很多，常用的有 H25、HZ10、H215 等系列。HZ10-10/3 型组合开关，其静触头安装在绝缘垫板上，并附有接线柱用于与电源及负载相接，动触头安装在能随转轴转动的绝缘垫板上，手柄和转轴能沿顺时针或逆时针方向转动 90°，带动三个动触头分别与静触头接触或分离，从而实现接通和分断电路的目的。由于采用了扭簧储能结构，从而能快速闭合及分断歼关，使开关的闭合和分断速度与手动操作无关。其符号如图 l-8b 所示。HZ10 系列组合开关的型号及含义如下：

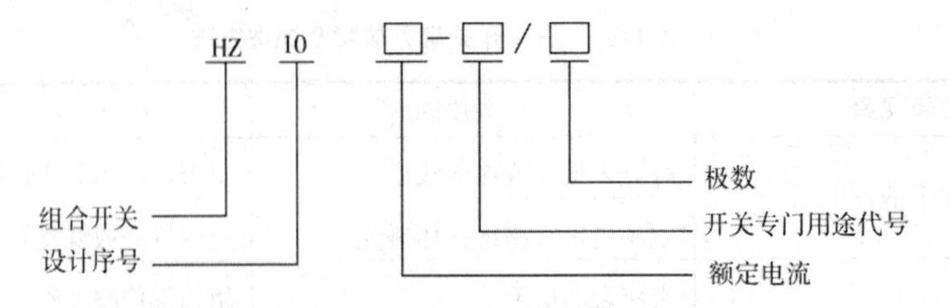

（2）组合开关的主要技术数据及选用

组合开关可分为单极、双极和多极三类，主要参数有额定电压、额定电流、极数等，额定电流有10A、20A、40A、60A等几个等级。

组合开关应根据电源种类、电压等级、所需触头数、接线方式和负载容量进行选用。用于控制小型异步电动机的运转时，开关的额定电流一般取电动机额定电流的1.5~2.5倍。

（3）组合开关的安装与使用

HZ10 系列组合开关应安装在控制箱（或壳体）内，其操作手柄最好伸出在控制箱的前面或侧面。开关为断开状态时应使手柄在水平旋转位置。倒顺开关外壳匕的接地螺钉应可靠接地。

若需在箱内操作，开关最好安装在箱内右上方，并且在它的上方不要安装其他电器，否则应采取隔离或绝缘措施。组合开关的通断能力较低，不能用来分断故障电流。当操作频率过高或负载功率因数较低时，应降低开关的容量使用，以延长其使用寿命。

3．低压断路器

（1）低压断路器的功能

低压断路器集控制和多种保护功能于一体，在电路工作正常时，可作为电源开关不频繁地接通和分断电路；当电路中发生短路、过载和失电压等故障时，其能自动跳闸切断故障电路，保护电路和电气设备。低压断路器具有操作安全、安装使用方便、动作值可调、分断能力较高、兼作多种保护、动作后不需要更换元件等优点，因此得到广泛应用。

（2）低压断路器的分类

低压断路器（如图1-9所示）按结构型式可分为塑壳式（又称为装置式）、万能式（又称为框架式）、限流式、直流快速式、灭磁式和漏电保护式六类；按操作方式可分为人力操作、动力操作和储能操作；按极数可分为单极、二极、三极和四极式；按安装方式又可分为固定式、插入式和抽屉式；按其在电路中的用途可分为配电用断路器、电动机保护用断路器和其他负载（如照明）用断路器等。

通常应用比较普遍的是塑壳式和万能式低压断路器。由于在电力拖动控制系统中常用的是DZ系列塑壳式低压断路器。

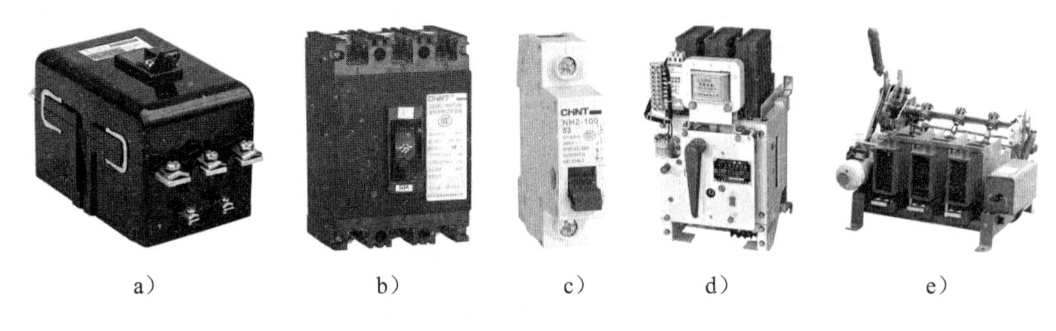

a）　　b）　　c）　　d）　　e）

图 1-9　低压断路器

a）DZ5 系列塑料壳；b）DZ15 系列塑料壳；c）NH2_100 隔离开关；
d）DW15 系列万能式；e）DW16 系列万能式

（3）低压断路器的结构及原理

低压断路器的结构如图 1-10a 所示，它主要由触头系统、灭弧装置、操作机构、热脱扣器、电磁脱扣器及绝缘外壳等部分组成。

DZ5 系列断路器有三对主触头，一对常开辅助触头和一对常闭辅助触头。使用时三对主触头串联在被控制的三相电路中，用以接通和分断主电路的大电流，按下绿色“合”按钮时，接通电路；按下红色“分”按钮时，切断电路。当电路出现短路、过载等故障时，断路器会自动跳闸切断电路。

断路器的热脱扣器作过载保护，整定电流的大小由电流调节装置来调节。电磁脱扣器作短路保护，瞬时脱扣整定电流由电流调节装置来调节。出厂时，电磁脱扣器的瞬时脱扣整定电流一般整定为 10 I_N（10 I_N 为断路器的额定电流）。欠电压脱扣器作零电压和欠电压保护。具有欠电压脱扣器的断路器，在欠电压脱扣器两端无电压或电压过低时，不能接通电路。

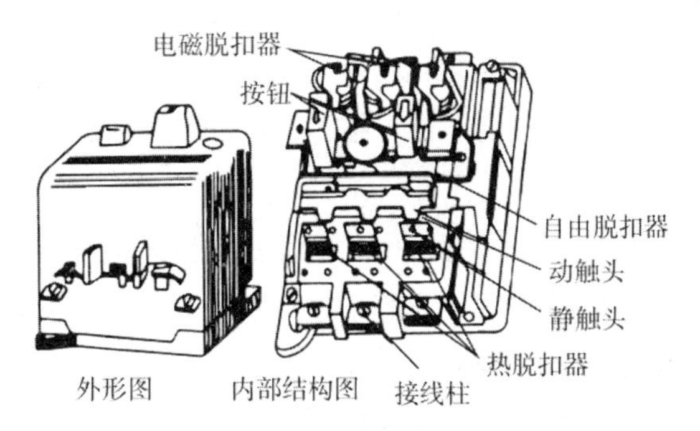

图 1-10　低压断路器的结构和符号

（4）低压断路器的符号及型号含义

低压断路器的电气图形符号和文字符号如图 1-11 所示。

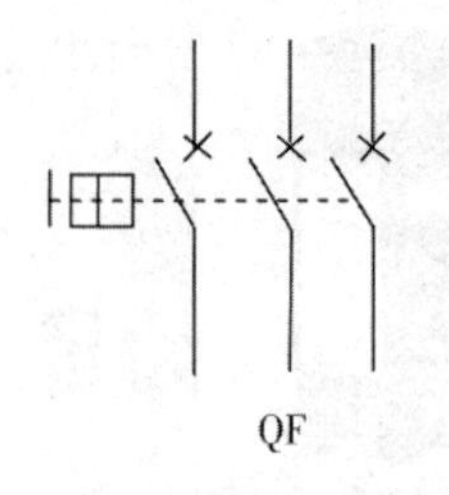

图 1-11 低压断路器的符号

DZ5 系列低压断路器的型号及含义如下：

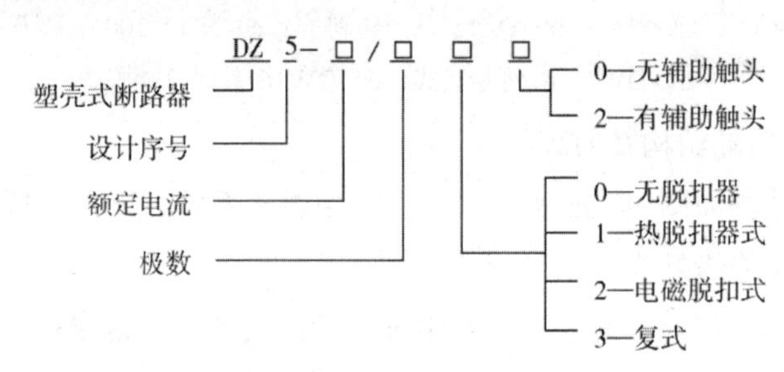

DZ5 系列低压断路器适用于交流 50Hz、额定电压 380V、额定电流至 50A 的电路中，保护电动机用断路器用于电动机的短路和过载保护；配电电路用断路器在配电网络中用来分配电能和作为电路及电源设备的短路和过载保护之用；也可分别作为电动机不频繁启动及电路的不频繁转换之用。

（5）低压断路器的选用

1）低压断路器的额定电压和额定电流应大于或等于电路、设备的正常工作电压和工作电流。

2）热脱扣器的整定电流应等于所控制负载的额定电流。

3）电磁脱扣器的瞬时脱扣整定电流应大于负载电路正常工作时的峰值电流。用于控制电动机的断路器，其瞬时脱扣整定电流可按 $I_z \geqslant KI_{st}$ 进行选取，K 为安全系数，可取 1.5~1.7；I_{st} 为电动机的启动电流。

4）欠电压脱扣器的额定电压应等于电路的额定电压。

5）断路器的极限通断能力应大于或等于电路的最大短路电流。

（6）低压断路器的安装与使用

1）低压断路器应垂直安装，电源线应接在上端，负载线应接在下端。

2）低压断路器用作电源总开关或电动机的控制开关时，在电源进线侧必须加装刀开关或熔断器等，以形成明显的断开点.

3）低压断路器使用前应将脱扣器工作面上的防锈油脂擦净，以免影响其正常工作；同时应定期检修，清除断路器上的积尘，给操作机构添加润滑剂。

4）各脱扣器的动作值一经调整好，不允许随意变动，并定期检查各脱扣器的动作值是否满足要求。

5）断路器的触头使用一定次数或分断短路电流后，应及时检查触头系统，如果触头表面有毛刺、颗粒等，应及时维修或更换。

（四）砂轮机的工作分析

正转控制电路只能控制电动机单向启动和停止，带动生产机械的运动部件朝一个方向旋转或运动。手动正转控制电路是通过低压开关来控制电动机单向启动和停止的。在工厂中常被用来控制三相电风扇和砂轮机等设备。

如图 1-12a 所示的砂轮机是用低压断路器来控制的。需用砂轮机工作时，向上扳动低压断路器的手柄，砂轮开始转动进行磨削加工；使用完砂轮机时，向下扳动断路器的手柄，砂轮停转停止磨刀。当电路出现短路故障时，断路器还会自动跳闸断开电路，起到短路保护作用。

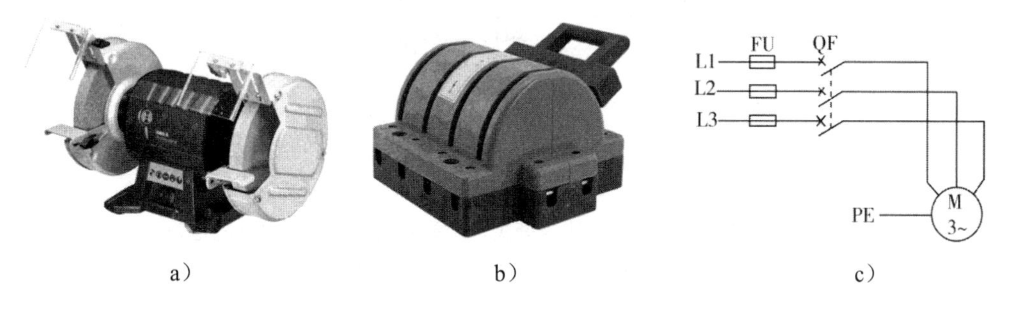

图 1-12　用低压断路器控制的手动正转控制电路

a）砂轮机；b）电源开关；c）电路

砂轮机的控制电路非常简单，控制和保护都是由低压断路器来实现的，所用元器件少。尽管如此，若把砂轮机控制电路中使用的电气装置和器件的实际图形都画出来，也是非常麻烦的。因此人们就把这些电气装置和元器件，用电气图形符号表示出来，并在它们的旁边标上相应电器的文字符号，通过画出电路图来分析它们的作用、电路构成和工作原理等。

由图 1-12c 所示很容易看出砂轮机控制电路是由三相电源 L1、L2、L3，熔断器 FU，低压断路器 QF 和三相交流异步电动机 M 构成的。低压断路器集控制、保护于一身，电流从三相电源经熔断器、低压断路器流入电动机，电动机则带动砂轮运转。

根据图 1-12c 所示电路，很容易分析电路的工作原理：

【启动】合上断路器 QF→电动机 M 接通电源启动运转。

【停止】断开断路器 QF→电动机 M 脱离电源停止运转。

在分析各种控制电路的工作原理时，常用电器文字符号和箭头，再配以少量的文字说明，来表达电路的工作原理，使叙述比较简洁。

用负荷开关和组合开关控制的手动正转控制电路的电路如图 1-13 所示。在图 1-13 所示电路中，负荷开关和组合开关起接通、断开电源用，熔断器作短路保护用。该电路的工作原理读者可自行分析。

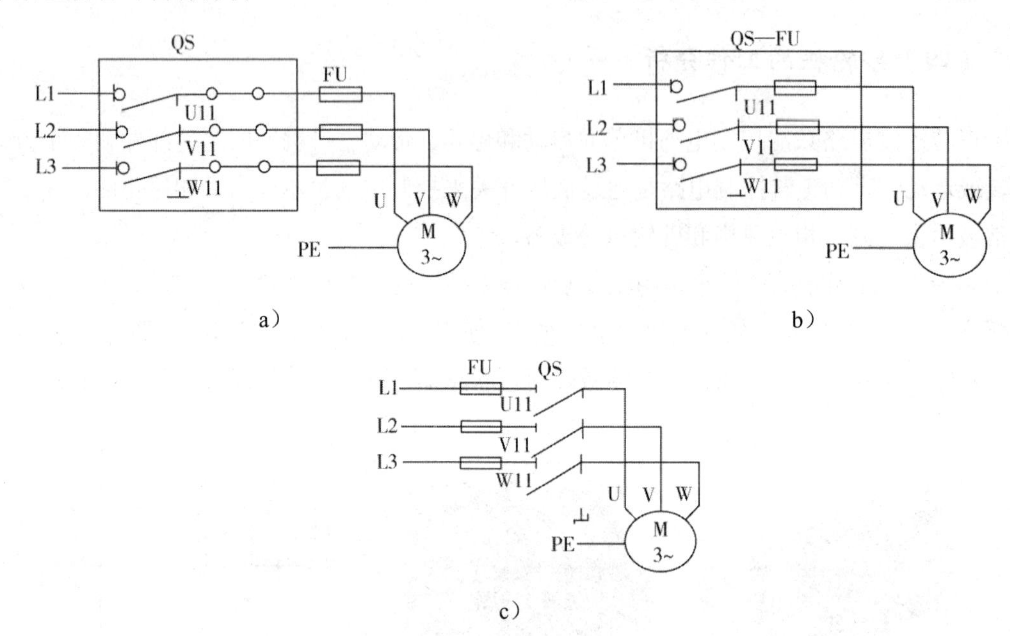

图 1-13　用负荷开关和组合开关控制的手动正转控制电路的电路

a）用开启式负荷开关控制；b）用封闭式负荷开关控制；c）用组合开关控制

（五）电气符号的标准

我国采用的是国家标准 GB/T 4728.2—4728. 13-2005~2008《电气简图用图形符号》中所规定的图形符号，文字符号标准采用的是 GB7159 - 1987《电气技术中的文字符号制定通则》中所规定的文字符号，这些符号是电气工程技术的通用技术语言。

国家标准对图形符号的绘制尺寸没有作统一的规定，实际绘图时可按实际情况以便于理解的尺寸进行绘制，图形符号的布置一般为水平或垂直位置。

绘制电气图时，连接线一般应采用实线，无线电信号通路采用虚线，并且尽量减少不必要的连接线，避免线条的交叉和弯折。对有直接电联系的交叉线的连接点，应用小黑圆点表示；无直接电联系的交叉跨越导线则不画小黑圆点，如图 1-14 所示。

用负荷开关控制的手动正转控制电路如图 1-15 所示。电源电路用细实线画成水平线，代表三相交流电源的相序符号 Ll、L2、L3 应自上而下依次标在电源线的左端。电能由三相交流电源引入控制电路。流过电动机的工作电流较大，称为主电路，应垂直于电源电路

画出。电路图中的各个接点用字母或数字编号，主电路从电源开始，经电源开关或熔断器的出线端按相序依次编号为 Ull、Vll、Wll。单台三相交流电动机（或设备）的三根引出线，按相序依次编号为 U、V、W。

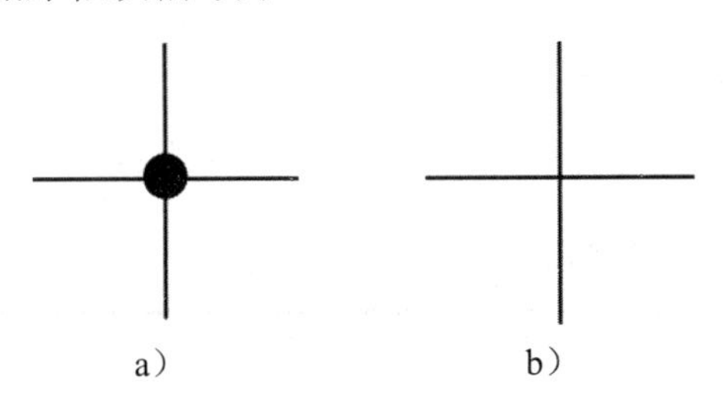

图 1-14　连接线的交叉连接与交叉跨越

a）交叉连接；b）交叉跨越

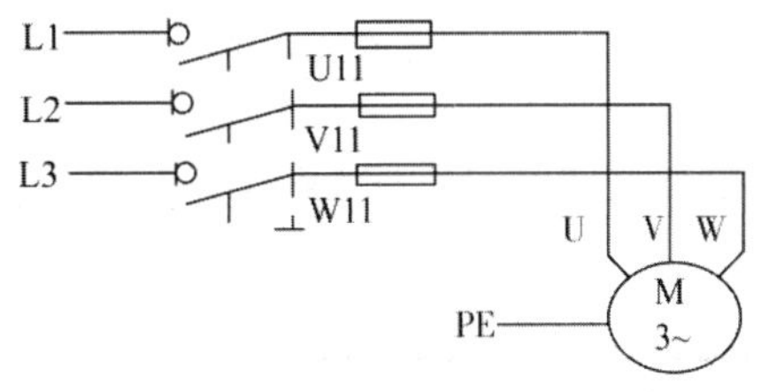

图 1-15　负荷开关控制的手动正转控制电路

1．识读电气图

虽然砂轮机的控制电路所用电器元件很少，但是若把砂轮机控制电路中使用的电气设备和器件的实际图形都画出来，也是非常麻烦的。因此人们就把这些电气设备和元器件用电气图形符号和文字符号表示，画出电路图来分析电路的组成、工作原理和元器件的作用等。砂轮机的控制电路如图 l-16 所示。

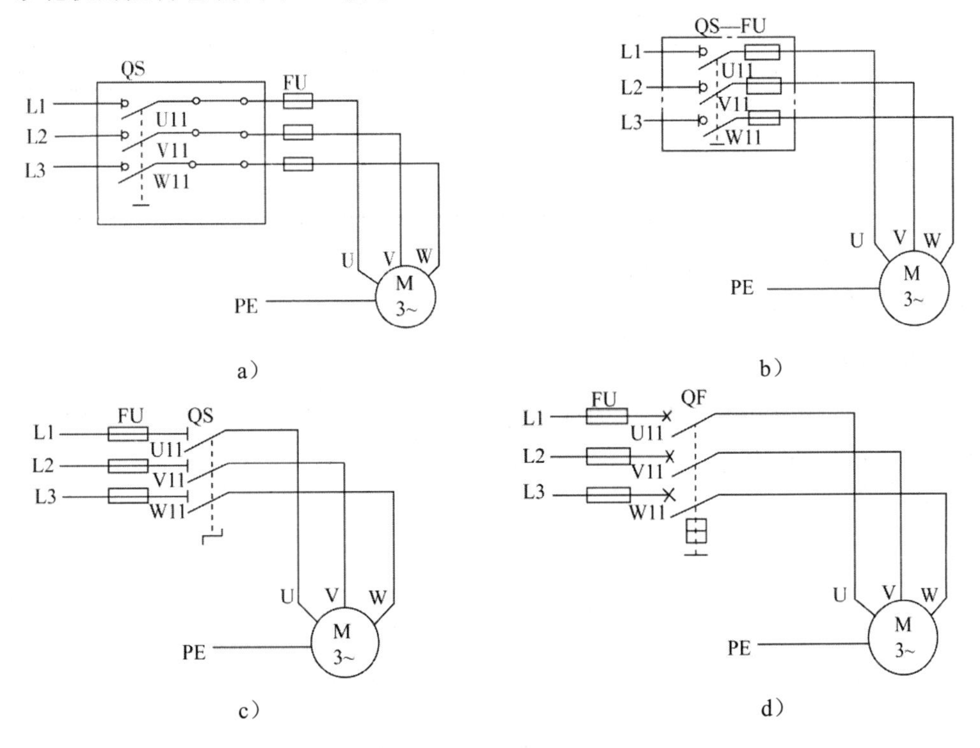

图 1-16　砂轮机的控制电路

a）用开启式负荷开关；b）用封闭式负荷开关；c）用组合开关控制；d）用低压断路器控制

由图 1-16 可见，砂轮机的控制电路是由三相电源 L1、L2、L3，组合开关 QS，熔断器 FU 和三相交流异步电动机 M 构成的。组合开关控制交流电动机的启动和停止，电动机带动砂轮机运行，熔断器作为短路保护。

2．准备元器件和材料

根据电动机的规格选择工具、仪表和器材，并进行质量检验，如表 1-3 所示。

表 1-3　工具、仪表和器材

工具	验电器、螺钉旋具、尖嘴钳、斜口钳、剥线钳、电工刀等电工常用工具				
仪表	ZC25-3 型绝缘电阻表（500V）、MC3—1 型钳形电流表、MF47 型万用表				
器材	代号	名称	型号	规格	数量
	M	三相笼型异步电动机	Y100L2-4	3kW、380V、6.8A、Y 联结、1420r/min	1
	QS	组合开关	HZ10 - 60/3	380V、60A	1
	FU	螺旋式熔断器	RL1 - 60/25	500V、60A、配熔体 25A	3
	XT	端子板	TD - AZ1	660V、20A	1
		控制板		500mm×400mm×20mm	1
		主电路塑铜线		BVl.5mm^2 和 BVRl.5mm^2	若干
		接地塑铜线		BVR1.5mm^2（黄绿双色）	若干
		木螺钉		5mm×30mm	若干
质检要求	①根据电动机规格检验选择的工具、仪表、器材等是否满足要求 ②电器元件外观应完整无损，附件、备件齐全 ③用万用表、绝缘电阻表检测电器元件及电动机的技术数据是否符合要求				

（六）安装元器件及布线

1．布置图

电器元件安装应牢固、整齐、匀称，间距合理，便于元器件的更换。手动正转控制线路的布置图如图 1-17 所示。

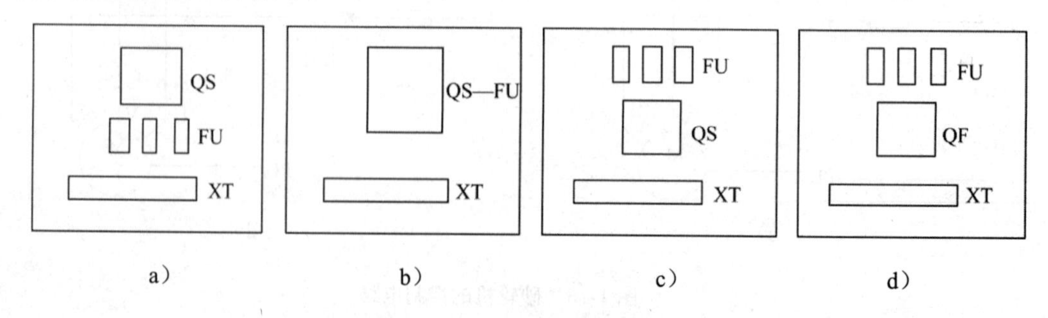

图 1-17　手动正转控制线路的布置图

2．接线图

手动正转控制线路接线图如图 1-18 所示。

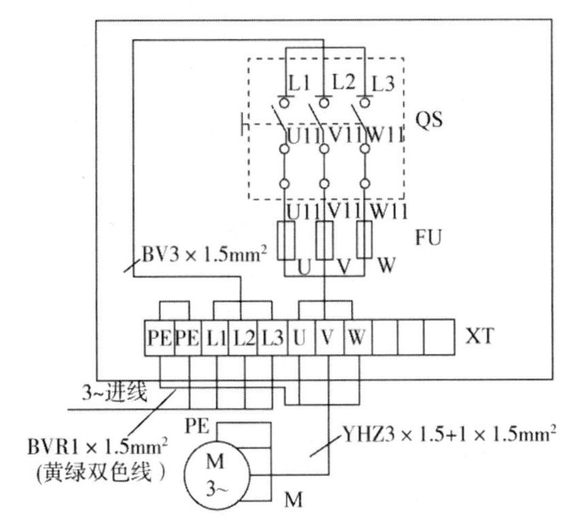

a)

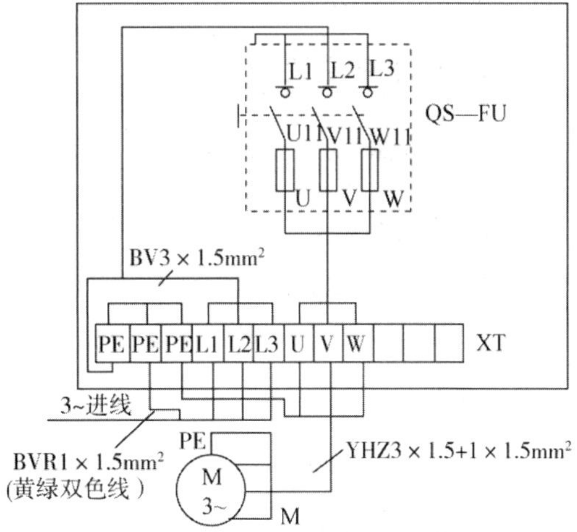

b)

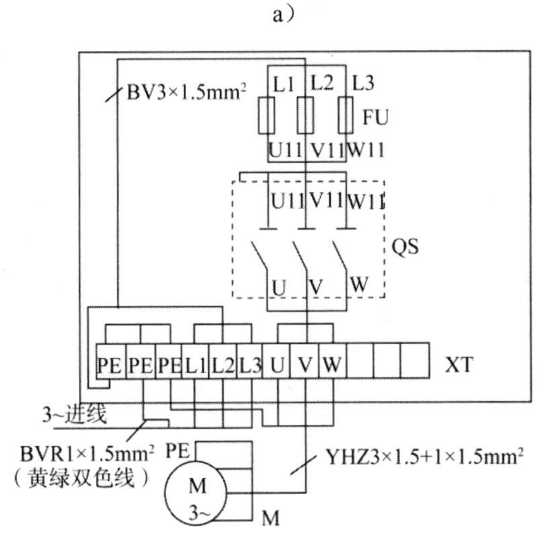

c)

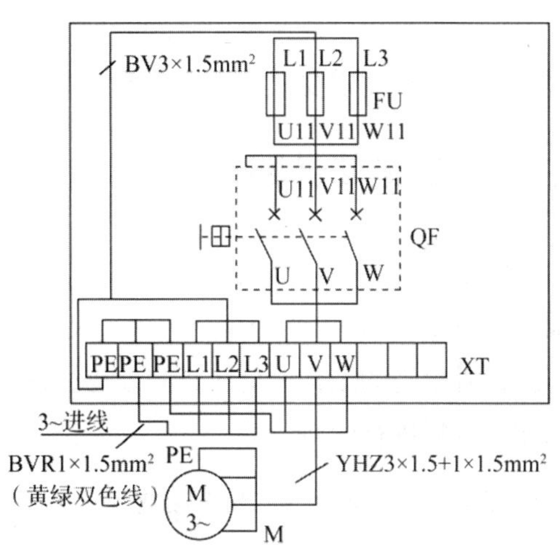

d)

图 1-18　手动正转控制线路接线图

（七）安装手动正转控制线路

安装手动正转控制线路的具体要求如下：

（1）同一平面的导线应高低一致（或前后一致），且不能交叉；非交叉不可时，该导线应在接接线子引出时就水平架空跨越，且必须走线合理。

（2）布线时应横平竖直、分布均匀。变化走向时应垂直转向。

（3）布线时不能严重损伤线芯，导线与接线端子连接时不能压绝缘层、不反圈及露铜过长。

（八）检查安装质量

1．元器件规格质量的检查

（1）根据仪表、工具、耗材和器材表，检查其各元器件、耗材规格是否一致。

（2）检查各元器件的外观是否无损，附件、备件是否安全。

（3）用仪表检查元器件和电动机的有关技术数据是否符合要求。

2．自检

（1）按照电路图或接线图从电源端开始，逐段核对接线及接线端子处线号是否正确。有无漏接、错接之处。检查导线接点是否符合要求，压接是否牢固。

（2）用万用表检查线路的通断情况。

（3）用兆欧表检查线路绝缘电阻的阻值，应不得小于 1MΩ。

控制板必须安装在操作时能看到电动机的地方，以保证操作安全。电动机和按钮的金属外壳必须按规定要求接到保护接地专用端子上。

三、制定维修计划

在学习任务描述的案例中，根据事故原因来判断。在制定维修计划环节，维修技师将根据造成事故的可能原因，找出造成事故的具体原因，并制定合理的诊断方案，同时准备好维修时要用的工具和材料。如果在维修过程中遇到困难，可以通过咨询维修主管或者查阅相关资料进行学习。

（一）砂轮机常见故障现象

砂轮机常见元器件故障包括三类，即封闭式负荷开关常见故障、组合开关常见故障、低压断路器常见故障。

1．封闭式负荷开关常见故障

（1）操作手柄带电。

（2）夹座（静触头）过热或烧坏。

2．组合开关常见故障

（1）手柄转动后，内部触头未动。

（2）手柄转动后，动静触头不能按要求动作。

（3）接线柱间短路。

3．低压断路器常见故障

（1）不能合闸。

（2）电流达到整定值，断路器不动作。

（3）启动电动机时断路器立即分断。

（4）断路器闭合后一定时间自行分断。

（5）断路器温升过高。

（二）手动正转控制线路常见故障及维修方法

手动正转控制线路常见故障及维修方法如表 1-4 所示。

表 1-4　手动正转控制线路常见故障及维修方法

故障现象	故障原因	检查方法
电动机不能启动 电动机缺相	熔断器熔体熔断	查明原因排除后更换熔体
	负荷开关或组合开关动静触头接触不良	对触头进行调整
	组合开关或断路器操作失控	拆装组合开关或断路器评修复
转动手柄电动机不能启动	除电动机本身的故障外，还应检查电枢电路励磁电路产生的故障 1．电枢电路的故障 （1）电源无电压 （2）两接线柱 L+、Al 与连接导线接触不良 （3）动触点与静触点上有油垢，压力太小，成接触不良 （4）静触点 1 与启动电阻连接断路 2．励磁电路的故障 （1）接线柱 El 与连接线松动 （2）磁极绕组断路或调节电阻断路 （3）弧形铜条与手柄的静触点接触不良	1．电枢电路的检查顺序： （1）检查电源电压 （2）用欧姆表检查两接线柱 L+、Al 与连接导线的连接情况 （3）检查启动变阻器动触点与静触点的接触情况，主要检查动触点的压力是否适中 （4）用欧姆表检查静触点 1 与启动电阻连接情况 2．励磁电路的检查顺序 （1）检查接线柱 El 与连接线的连接情况 （2）用欧姆表检查磁极绕组和调节电阻是否断路 （3）用欧姆表检查弧形铜条与手柄的静触点接触情况
手柄移至启动电阻某点时电动机停转	某一静触点与动触点接触面有间隙，电阻与静触点脱焊，电阻丝断路等，造成电枢回路断电	用欧姆表检查该静触点与动触点接触情况和该点间的电阻阻值
励磁绕组击穿	启动电阻、电枢形成泄放电路中两点间的连线断路，就容易产生击穿故障	首先检查泄放电路的连线

四、实施维修作业

在实施维修作业的过程中，可以按照自己拟定的故障诊断流程对砂轮电机无法启动的故障进行检测，逐一排查，通过启动系统各元件及其控制电路进行检测，最终找到故障部位并对其进行维修或更换。其检修项目主要包括熔断器的检查与更换、低压开关和组合开关的检查与更换、低压断路器的检查与更换等。

五、任务工作单

【工单】电动机手动控制电路

【任务目标】

- 掌握控制系统电路图
- 安装系统控制电路图
- 排除启动系统控制电路的故障

【实施器材】一体化工作站、所需的电器元件、导线、万用表、常用电工工具、维修手册等。

1. 写出该电气原理图的工作原理（开启式负荷开关控制电路）

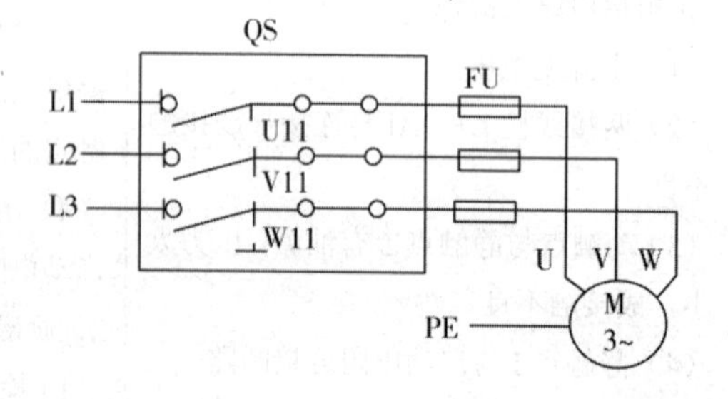

2．画出安装布置图，并进行元器件的接线

3．根据下图，写出可能出现的故障及检修办法

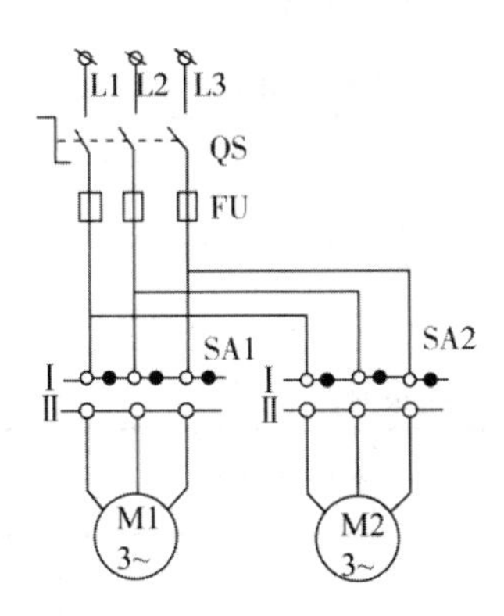

4．评价总结

（1）学习评价

项目内容	配分	评分标准		扣分
装前检查	20 分	（1）电动机质量漏榆	扣 10 分	
		（2）低压开关漏检或错检	每处扣 5 分	
安装	40 分	（1）电动机安装不符合要求：		
		1）地脚螺栓紧松不一或松动	扣 20 分	
		2）缺少弹簧垫圈、平垫圈、防震物	每个扣 5 分	
		（2）控制板或开关安装不符合要求：		
		1）位置不适当或松动	扣 20 分	
		2）紧固螺栓（或螺钉）松动	每个扣 5 分	
		（3）电线管支持不牢固或管口无护圈	扣 5 分	
		（4）导线穿管时损伤绝缘	扣 15 分	

接线及试运行	30分	（1）不会使用仪表或测量方法不正确　每个仪表扣5分 （2）各接点松动或不符合要求　每个扣5分 （3）接线错误造成通电一次不成功　扣30分 （4）控制开关进、出线接错　扣15分 （5）电动机接线错误　扣20分 （6）接线程序错误　扣15分 （7）漏接接地线　扣20分		
检修	10分	（1）查不出故障　扣10分 （2）查出故障但不能排除　扣5分		
安全文明生产	违反安全文明生产规程　扣5~40分			
定额时间	6h，每超时10min（不足10min以10min计）　扣5分			
备注	除定额时间外，各项目的最高扣分不应超过配分数		成绩	
开始时间		结束时间		实际时间	

（2）自我评价

序号	任　　务	评　价　等　级			
		不会	基本会	会	很熟练
1	写出该电气原理图的工作原理				
2	画出安装布置图，并进行元器件间接线				
3	根据下图，写出可能出现的故障及检修办法				

（3）教师总评

任务二　小型立式钻床点动正转控制电路的安装与检修

【学习目标】

- 了解点动正转控制电路的组成、工作原理；
- 认识按钮、接触器等低压电器的外观、结构、图形符号、文字符号；
- 识读原理图，绘制安装图和接线图；
- 识别和选用元器件，按图样、工艺要求、安全规程等要求安装元器件，连接电路；
- 用仪表检测电路安装的正确性，按照安全操作规程正确通电试运行。

一、学习任务描述

2008 年 7 月 4 号，沈阳某一工厂的工作人员正在使用 Z5150A 型立式钻床实施钻孔工作，该钻床使用时间为 2 年，其中检修了一次。该钻床在上午实施作业时，未出现任何异常，但在下午工作时，启动按钮开关，钻头没有任何动作，继续按开关按钮，钻头还是静止不动。如果你是维修人员，请你对该故障进行检测与维修。

二、小型立式钻床点动正转控制电路

（一）钻床的结构

钻床主要是用钻头在工件上加工孔（如钻孔、扩孔、铰孔、攻丝、锪孔等）的机床，是机械制造和各种修配工厂必不可少的设备。它的特点是工件固定不动，刀具做旋转运动，并沿主轴方向进给，操作方法可以是手动，也可以是机动。钻床根据用途和结构主要分为以下几类：

（1）立式钻床。工作台和主轴箱可以在立柱上垂直移动，用于加工中小型工件。

（2）台式钻床（简称台钻）。一种小型立式钻床，最大钻孔直径为 12~15mm，安装在钳工台上使用，多为手动进给，常用来加工小型工件的小孔等。

（3）摇臂钻床。主轴箱能在摇臂上移动，摇臂能回转和升降，工件固定不动，适用于加工大而重和多孔的工件，广泛应用于机械制造中。本次任务要求电动机能够在按钮与接触器的关联控制下完成点动运行，即按下按钮，电动机通电运行；松开按钮电动机脱离电源停止运行，如图 2-1 示，其中用到的低压电器主要有按钮和接触器。

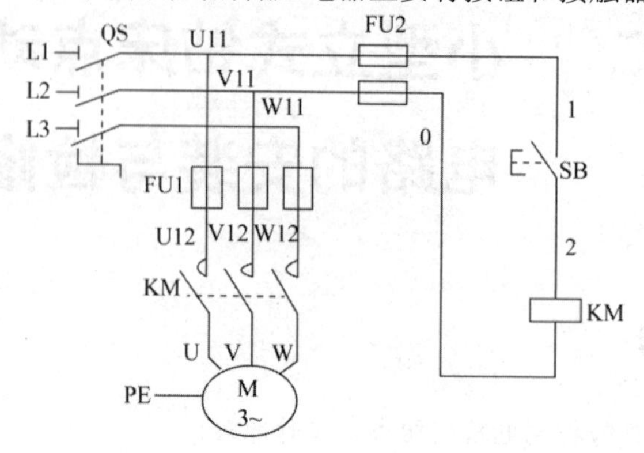

图 2-1　点动正传控制电路

（二）按钮功能、结构原理等相关信息

1．按钮的功能

按钮是用来短时接通或断开小电流通路的具有弹簧储能复位装置的手动开关，是一种最常见的主令电器。按钮的触头允许通过的电流较小，一般不超过 5A；因此，一般情况下它不直接控制主电路的通断，而是在控制电路中发出指令或信号，控制接触器、继电器等电器，再由它们去控制主电路的通断、功能转换或电气联锁。如图 2-3 所示为几款常用的按钮。

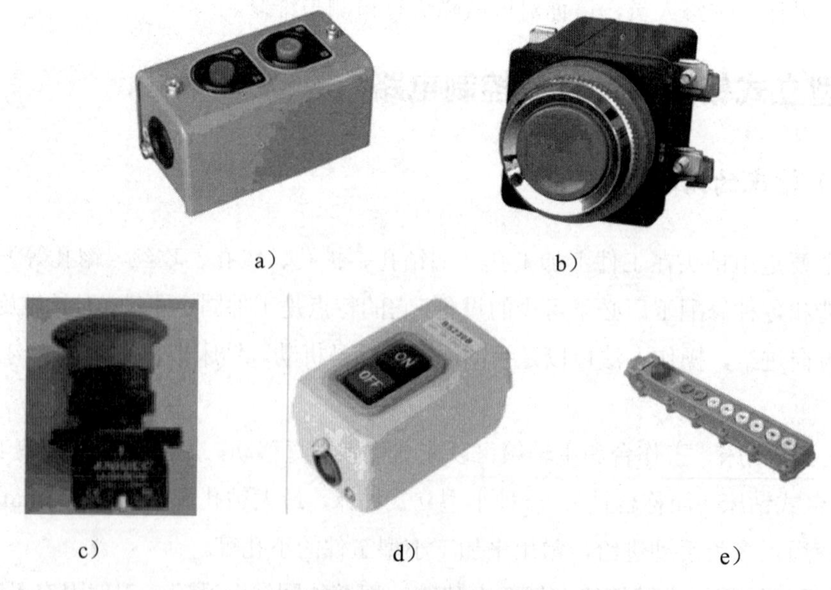

图 2-2　几款常用的按钮

a）LA18 系列；）LA19 系列；）LAY5 系列；d）BS 系列；e）COB 系列

2．按钮的结构原理与图形符号

按钮一般由按钮帽、复位弹簧、桥式动触头、静触头、支柱连杆及外壳等部分组成，如表 2-1 所示。

表 2-1　按钮的结构与图形符号

结构			
符号	E------SB	E--SB	E--　----SB
名称	停止按钮 （常闭按钮）	启动按钮 （常开按钮）	复合按钮

按钮按不受外力作用（即静态）时触头的分合状态，可分为启动按钮（即常开胺钮）、停止按钮（即常闭按钮）和复合按钮（即常开、常闭触头组合为一体的按钮），各种按钮的结构与图形符号如表 2-1 所示。不同类型和用途的按钮的图形符号如图 2-3 所示。

图 2-3　不同类型和用途的按钮的图形符号

a）急停按钮；b）钥匙操作式按钮

对于启动按钮，按下按钮帽时触头闭合，松开后触头自动断开复位。停止按钮则相反，按下按钮帽时触头分断，松开后触头自动闭合复位。复合按钮是当按下按钮帽时，桥式动触又向下运动，常闭触头先断开，常开触头再闭合；当松开按钮帽时，常开触头先分断复位，常闭触头再闭合复位。

3．按钮的型号及含义

按钮的型号及含义如下：

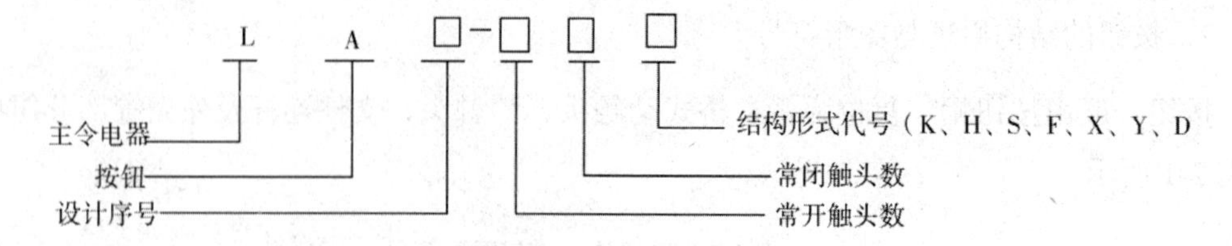

其中结构形式代号的含义如下：

- K - 开启式，适用于嵌装在操作面板上。
- H - 保护式，带保护外壳，可防止内部零件受机械损伤或人偶然触及带电部分
- S - 防水式，具有密封外壳，可防止雨水侵入。
- F - 防腐式，能防止腐蚀性气体进入。
- J - 紧急式，带有红色大蘑菇钮头（突出在外），作紧急切断电源用。
- X - 旋钮式，用旋钮旋转进行操作，有通和断两个位置。
- Y - 钥匙操作式，用钥匙插入进行操作，可防止误操作或供专人操作。
- D - 光标按钮，按钮内装有信号灯，兼作信号指示。

4．按钮的选择

（1）根据使用场合和具体用途选择按钮的种类。例如：嵌装在操作面板上的按钮可选择开肩式；需要显示工作状态的选择光标式；为防止无关人员误操作的重要场合宜选择钥匙操作式；在有腐蚀性气体处要选择防腐式。

（2）根据工作状态指示和工作情况要求，选择按钮或指示灯的颜色。例如：启动按钮可选择白、灰或黑色，优先选择白色，也允许选择绿色。急停按钮应选择红色。停止按钮可选择黑、灰或白色，优先选择黑色，也允许选择红色。

（3）根据控制电路的需要选择按钮的数量。如单联按钮、双联按钮和三联按钮等。

5．按钮的安装与使用

（1）按钮安装在面板上时，应布置整齐、排列合理，如根据电动机启动的先后顺序，从上到下或从左到右排列。

（2）同一机床运动部件有几种不同的工作状态时（如上、下；前、后；松、紧等），应将每一对相反状态的按钮安装在一组。

（3）按钮的安装应牢固，安装按钮的金属板或金属按钮盒必须可靠接地。

（4）由于按钮的触头间距较小，如有油污等极易发生短路故障，所以应注意保持触头间的清洁。

6．按钮常见的故障及处理方法

按钮常见的故障及处理方法如表 2-2 所示。

表 2-2　按钮常见的故障及处理方法

故障现象	可能原因	处理方法
触头接触不良	（1）触头烧损 （2）触头表面有尘垢 （3）触头弹簧失效	（1）修整触头或更换产品 （2）清洁触头表面 （3）重绕弹簧或更换产品
触头间短路	（1）塑料受热变形，导致接线螺钉相碰短路 （2）杂物或油污在触头间形成通路	（1）查明发热原因排除并更换品 （2）清洁按钮内部

（三）接触器

低压开关、主令电器等，都是依靠手动直接操作来实现触头接通或断开电路的，属于非自动切换电器。但在电力拖动控制系统中，广泛应用一种自动切换电器 - 接触器来实现电路的自动控制，如图 2-4 所示为几款常用的交流接触器。

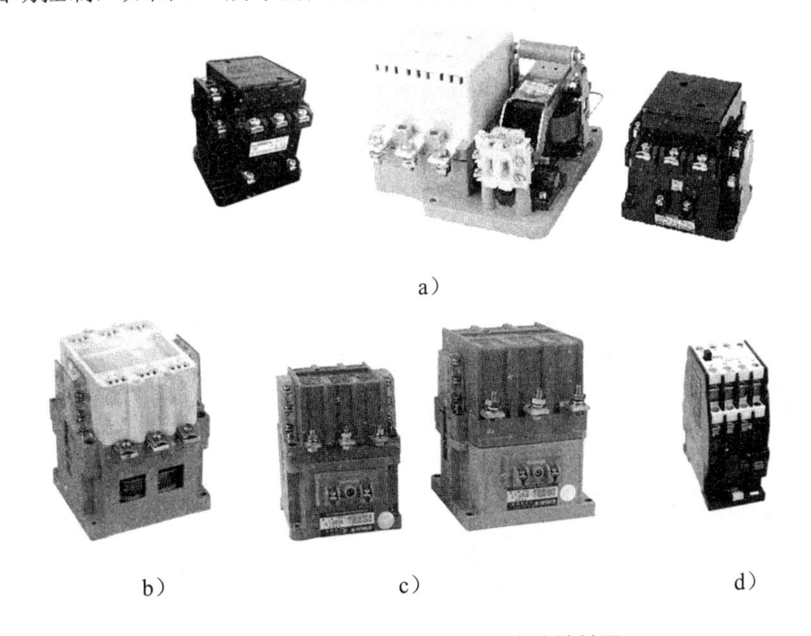

a）

b）　　c）　　d）

图 2-4　几款常用的交流接触器

a）CJ10（CJT）系列；b）CJ20 系列；c）CJ40 系列；d）CJX1（3TB 和 3TF）系列

接触器实际上是一种自动的电磁式开关。触头的通断不是由手动来控制，而是用电动操作。如图 2-5b 所示，电动机通过接触器主触头接入电源，接触器线圈与启动按钮串联后接入电源。按下启动按钮，线圈通电使静铁心被磁化产生电磁吸力，吸引动铁心带动主触头闭合接通电路；松开启动按钮，线圈失电，电磁吸力消失，动铁心在反作用弹簧（图 2-5b 中未画出）作用下释放，带动主触头复位切断电路。

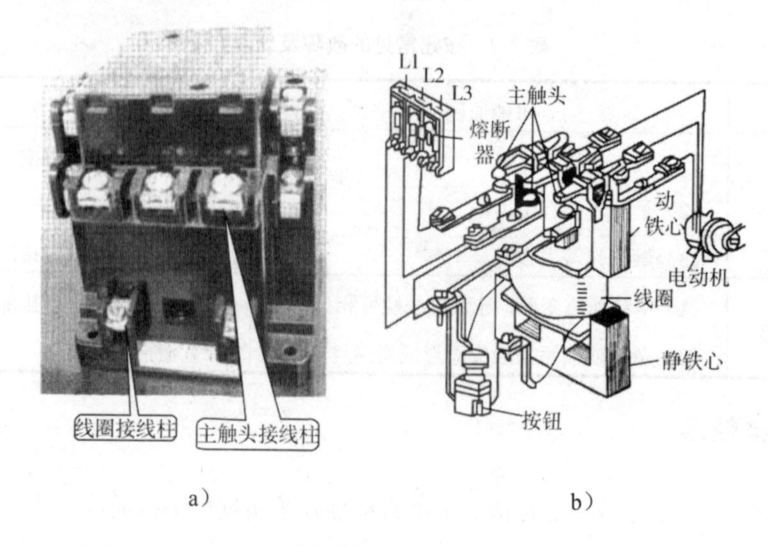

a）　　　　　　　　b）

图 2-5　用接触器控制电动机运转

接触器的优点是能实现远距离自动操作，具有欠电压和失电压自动释放保护功能，控制容量大、工作可靠、操作频率高、使用寿命长，适用于远距离地频繁接通和断开交直流主电路及大容量的控制电路。其主要控制对象是电动机，也可以用于控制电热设备、电焊机以及电容器组等其他负载，在电力拖动控制系统中得到了广泛应用。

接触器按主触头通过电流的种类不同，可分为交流接触器和直流接触器两类。

1．交流接触器

交流接触器的种类很多，空气电磁式交流接触器应用最为广泛，其产品系列、品种最多，结构和工作原理也基本相同。常用的有国产的 CJ10（CJT）、CJ20 和 CJ40 等系列，以及引进国外先进技术生产的 CJX1（3TB 和 3TF）系列、CJX8（B）系列、CJX2 系列等。下面以 CJl0 系列为例来介绍一下交流接触器。

（1）交流接触器的型号及含义

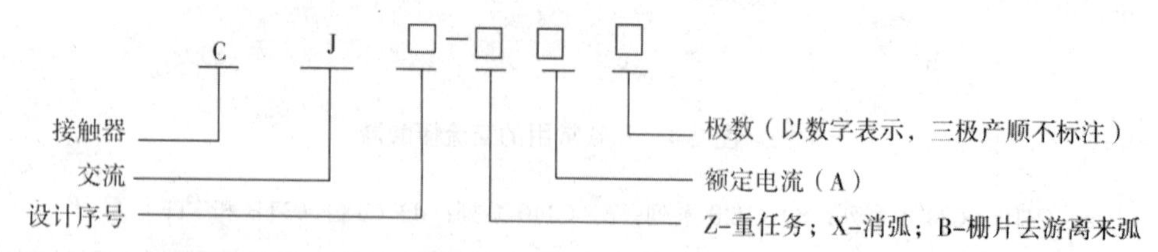

（2）交流接触器的结构和图形符号

交流接触器主要由电磁系统、触头系统、灭弧装置和辅助部件等组成。CJ10 - 20 型交流接触器的结构如图 2-6 所示。

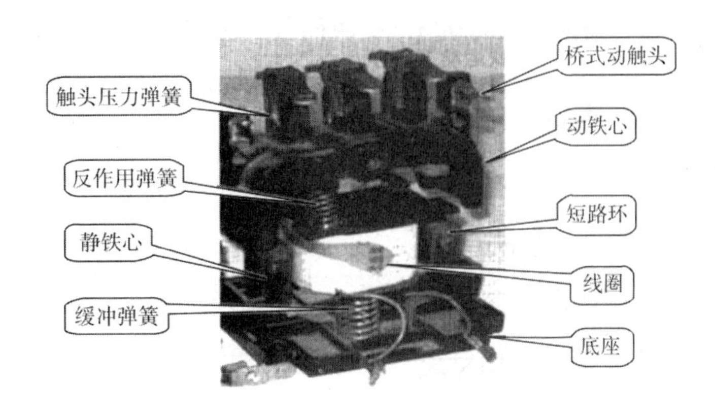

a）

b）

图 2-6　CJ10-20 型交流接触器的结构

1）电磁系统。电磁系统主要由线圈、静铁心和动铁心（衔铁）三部分组成。静铁心在下，动铁心在上，线圈安装在静铁心上。动、静铁心一般用 E 形硅钢片叠压而成，以减少铁心的磁滞和捣流损耗；铁心的两个端面上嵌有短路环，如图 2-7 所示，用以消除电磁系统的振动和噪声；线圈做成粗而短的圆筒形，并且在线圈干和铁心之间留有空隙，以增强铁心的散热效果。

交流接触器是利用电磁系统中线圈的通电或断电，使静铁心吸合或释放衔铁，从而带动动触头与静触头闭合或分断，实现电路的接通或断开。

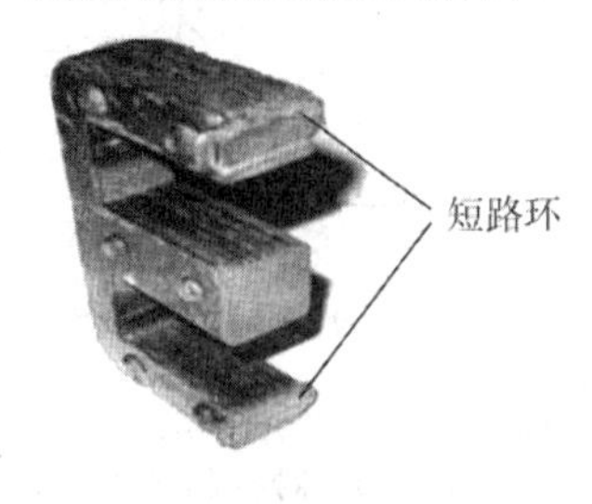

图 2-7　交流接触器铁心的短路环

CJ10系列交流接触器的衔铁运动方式有两种，对于额定电流为40A及以下的接触器，采用衔铁直线运动的螺管式，如图2-8所示；对于额定电流为60A及以上的接触器，采用衔铁绕轴转动的拍合式，如图2-8b所示。

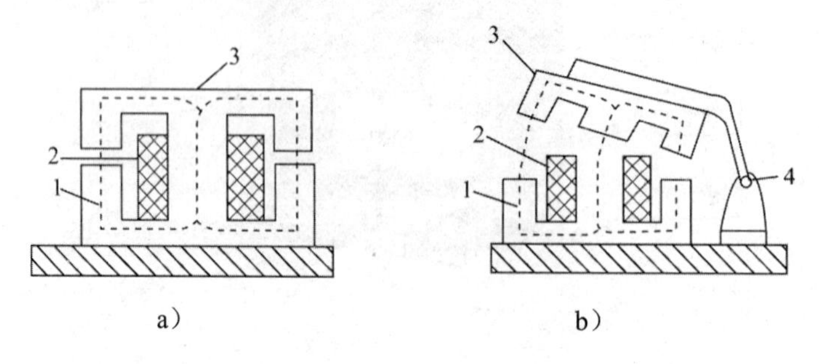

图2-8　交流接触器电磁系统的结构

a）衔铁直线运动的螺管式；b）衔铁绕轴转动的拍合式

1-静铁心；2-线圈；3-动铁心（衔铁）；4-轴

2）触头系统交流接触器的触头按接触情况可分为点接触式、线接触式和面接触式三种，如图2-9所示。

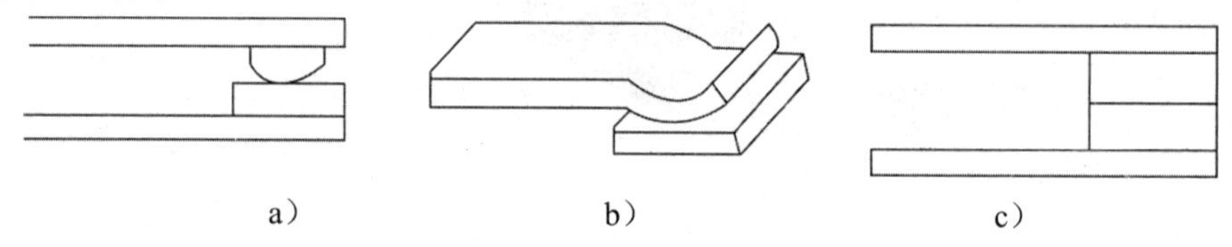

a）　　b）　　c）

图2-9　触头的三种接触形式

a）点接触式；b）线接触式；c）面接触式

触头按结构形式可分为桥式触头和指形触头两种，如图2-10所示。CJ10系列交流接触器的触头一般采用双断点桥式触头，其动触头用纯铜片冲压而成，在触头桥的两端镶有银基合金制成的触头块，以避免接触点由于氧化而影响其导电性能。静触头一般用黄铜板冲压而成，一端镶焊触头块，另一端为接线柱。在触头上装有压力弹簧片，用以减小接触电阻，并消除开始接触时产生的有害振动。

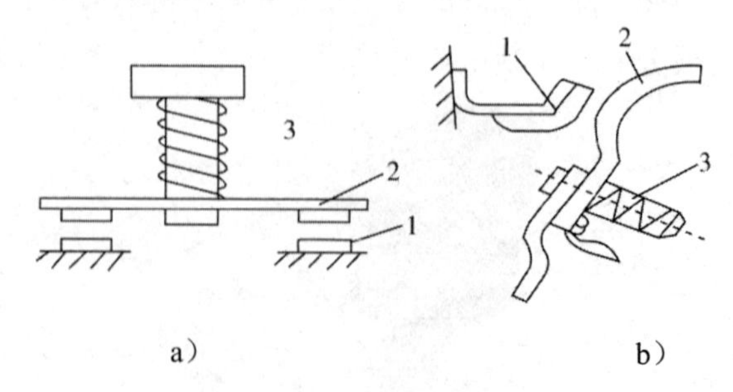

a）　　b）

图2-10　触头的结构形式

a）点接触式；b）线接触式

1-静触头；2-动触头；3-触头压力弹簧

触头按通断能力可分为主触头和辅助触头。主触头用来通断电流较大的主电路，一般由三对常开触头组成。辅助触头用来通断较小电流的控制电路，一般由两对常开和两对常闭触头组成。触头的常开和常闭，是指电磁系统未通电动作时触头的状态。常开触头和常闭触头是联动的。当线圈通电时，常闭触头先断开，常开触头随后闭合，中间有一个很短的时间差。当线圈断电后，常开触头先恢复断开，常闭触头后恢复闭合，中间也存在一个很短的时间差。这个时间差虽然很短，但对分析电路的控制原理却很重要。

3）灭弧装置。交流接触器在断开大电流或高电压电路时，会在动、静触头之间产生很强的电弧。电弧是触头间气体在强电场作用下产生的放电现象，它的产生一方面会灼伤触头，减少触头的使用寿命；另一方面会使电路的切断时间延长，甚至造成弧光短路引起火灾事故。因此触头间的电弧应尽快熄灭。

灭弧装置的作用是熄灭触头分断时产生的电弧，以减轻电弧对触头的灼伤，保证可靠的分断电路。交流接触器常用的灭弧装置有双断口结构的电动力灭弧装置、纵缝灭弧装置和栅片灭弧装置，如图 2-11 所示。对于容量较小的交流接触器，如 CJ10-10 型，一般采用双断口结构的电动力灭弧装置；CJ10 系列交流接触器额定电流在 20A 及以上的，常采用纵缝灭弧装置；对于容量较大的交流接触器，多采用栅片灭弧装置。

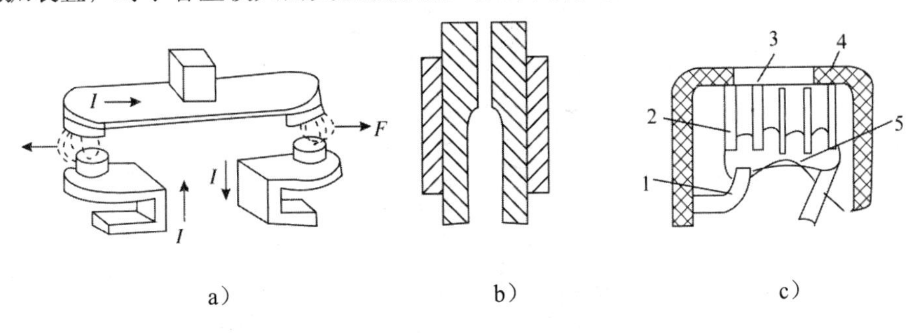

图 2-11　常用的灭弧装置

a）双断口结构电动力灭弧装置；b）纵缝灭弧装置；c）栅片灭弧装置

1-静触头；2-短电弧；3-灭弧栅片；4-灭弧罩；5-电弧；6-动触头

4）辅助部件。辅助部件交流接触器的辅助部件有反作用弹簧、缓冲弹簧、触头压力弹簧、传动机构及底座、接线柱等，如图 2-6 所示。反作用弹簧安装在衔铁和线圈之间，其作用是线圈断电后，推动衔铁释放，带动触头复位；缓冲弹簧安装在静铁心和线圈之间，其作用是缓冲衔铁在吸合时对静铁心和外壳的冲击力，保护外壳；触头压力弹簧安装在动触头上面，其作用是增加动、静触头间的压力，从而增大接触面积，以减少接触电阻，防止触头过热损伤；传动机构的作用是在衔铁或反作用弹簧的作用下，带动动触头，实现与静触头的接通或分断。接触器的图形符号如图 2-12 所示。

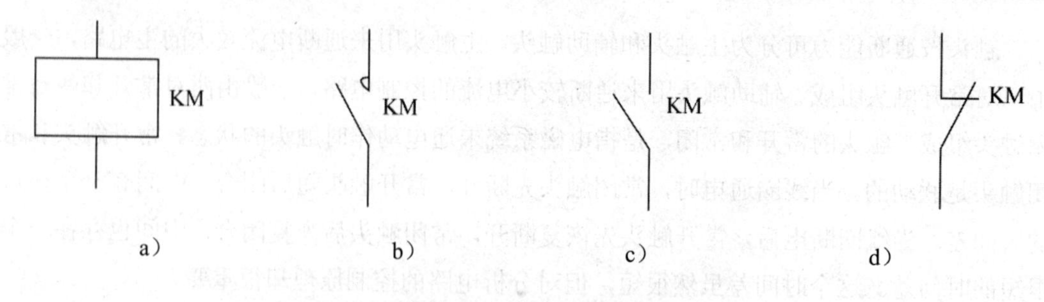

图 2-12 接触器的图形符号

a）线圈；b）主触头；c）辅助常开触头；d）辅助常闭触头

（3）交流接触器的工作原理

交流接触器的工作原理图如图 2-13 所示。电磁式接触器的工作原理如下：线圈通电后，在铁心中产生磁通及电磁吸力。此电磁吸力克服弹簧反力使得衔铁吸合，带动触点机构动作，常闭触点断开，常开触点闭合，接通线路。线圈失电或线圈两端电压显著降低时，电磁吸力小于弹簧反力，使得衔铁释放，触点恢复线圈未通电时的状态，断开线路。

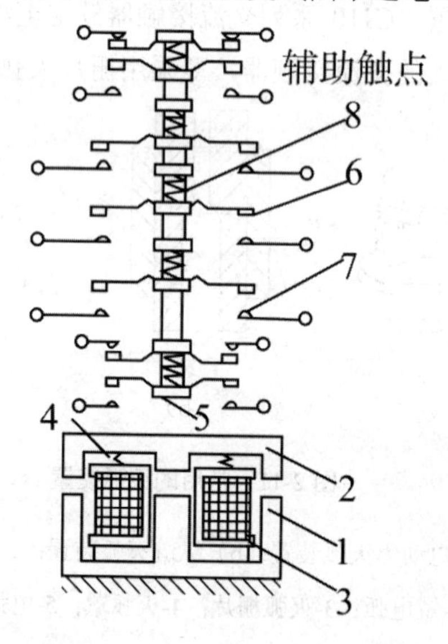

图 2-13 交流接触器的工作原理示意图

1-铁心；2-衔铁；3-线圈；4-复位弹簧；5-绝缘支架；6-动触点；7-静触点；8-触点弹簧

2．接触器的选择

（1）选择接触器的类型是根据接触器所控制的负载性质来选择的。通常交流负载选用交流接触器，直流负载选用直流接触器。如果控制系统中主要是交流负载，而直流负载容量比较小时，也可以用交流接触器控制直流负载，但触头的额定电流应适当选大一些的。

交流接触器按负荷种类搬分为一类、二类、三类和四类，分别记为 AC1、AC2、AC3

和 AC4。一类交流接触器的控制对象是无感或微感负荷，如白炽灯、电阻炉等；二类交流接触器用于控制绕线转子异步电动机的启动和停止；三类交流接触器的典型用途是笼型异步电动机的运行和运行中的分断；四类交流接触器用于笼型异步电动机的启动、反接制动、反转和点动。

（2）选择接触器主触头的额定电压。接触器主触头的额定电压应大于或等于所控制电路的额定电压。

（3）选择接触器主触头的额定电流。接触器主触头的额定电流应大于或等于负载的额定电流。

（4）选择接触器吸引线圈的额定电压。当控制电路简单、使用电器较少时，可直接选用 380V 或 220V 的电压。若电路较复杂且使用电器的个数超过五只时，可选用 36V 或 110V 电压的线圈，以保证安全。

（5）选择接触器触头的数量和种类。接触器的触头数量和种类应该满足控制电路的要求。

3．接触器的安装与使用

（1）安装前的检查

检查接触器铭牌与线圈的技术数据（如额定电压、电流、操作频率等）是否符合实际使用要求。检查接触器的外观，应无机械损伤；用手推动接触器可动部分时，接触器应动作灵活，无卡阻现象；灭弧罩应完整无损，固定牢固。

将铁心极面上的防锈油脂或粘在极面上的铁垢用煤油擦净，以免多次使用后衔铁被粘住，造成断电后不能释放。测量接触器的线圈电阻和绝缘电阻。

（2）接触器的安装

交流接触器一般安装在垂直面上，倾斜度不得超过 5°。若有散热孔，则应将有孔的一面放在垂直方向上，以利于散热，并按规定留适当的飞弧空间，以免飞弧烧坏相邻的电器。

安装和接线时，注意不要将零件失落或掉入接触器内部。安装孔的螺钉应装有弹簧垫圈和平垫圈，并拧紧螺钉以防振动松脱。

安装完毕，检查接线正确无误后，在主触头不带电的情况下操作几次，然后测量产品的动作值和释放值，所测数值应符合产品的规定要求。

（四）绘制、识读电路图、布置图和接线图的原则

1．电路图

电路图能充分表达电气设备和电器的用途、作用及线路的工作原理，是电气线路安装、调试和维修的理论依据。绘制、识读电路图应遵循以下原则：

（1）电路图一般分电源电路、主电路和辅助电路三部分

1）电源电路，一般画成水平线，三相交流电源相序 Ll、L2、L3 自上而下依次画出，若有中线 N 和保护地线 PE，则应依次画在相线之下。直流电源的“+”端在上、“−”端在下画出。电源开关要水平画出。

2）主电路，是指受电的动力装置及控制、保护电器的支路等，是电源向负载提供电能的电路，它由主熔断器、接触器的主触头、热继电器的热元件以及电动机等组成。主电路在图纸上垂直于电源电路绘于电路图的左侧，由于通过的是电动机的工作电流，电流比较大，也可用粗实线表示。

3）辅助电路，一般包括控制主电路工作状态的控制电路、显示主电路工作状态的指示电路、提供机床设备局部照明的照明电路等。一般由主令电器的触头、接触器的线圈和辅助触头、继电器的线圈和触头、仪表、指示灯及照明灯等组成。通常，辅助电路通过的电流较小，一般不超过 5A。

辅助电路要跨接在两相电源之间，一般按照控制电路、指示电路和照明电路的顺序，用细实线依次垂直画在主电路的右侧，并且耗能元件（如接触器和继电器的线圈、指示灯、照明灯等）要画在电路图的下方，与下边电源线相连，而电器的触头要画在耗能元件与上边电源线之间。为读图方便，一般应按照自左至右、自上而下的排列来表示操作顺序。

（2）电路图中，电器元件不画实际的外形图，而应采用国家统一规定的电气图形符号表示。同一电器的各元件不按它们的实际位置画在一起，而是按其在线路中所起的作用分别画在不同的电路中，但它们的动作是相互关联的，必须用同一文字符号标注。若同一电路图中，相同的电器较多时，需要在电器元件文字符号后面加注不同的数字以示区别。各电器的触头位置都按电路未通电或电器未受外力作用时的常态位置画出，分析原理时应从触头的常态位置出发。

（3）电路图采用电路编号法，即对电路中的各个接点用字母或数字编号。

1）主电路在电源开关的出线端按相序依次编号为 U11、V11、W11。然后按从上至下、从左至右的顺序，每经过一个电器元件后，编号要递增，如 U12、V12、W12；U13、V13、Wl3…单台三相交流电动机（或设备）的三根引出线，按相序依次编号为 U、V、W。对于多台电动机引出线的编号，为了不致引起误解和混淆，可在字母前用不同的数字加以区别，如 1U、1V、1W；2U、2V、2W…

2）辅助电路编号按“等电位”原则，按从上至下、从左至右的顺序，用数字依次编号，每经过一个电器元件后，编号要依次递增。控制电路编号的起始数字必须是 1，其他辅助电路编号的起始数字依次递增 100，如照明电路编号从 101 开始；指示电路编号从 201 开始等。

2．布置图

布置图中各电器的文字符号，必须与电路图和接线图的标注相一致。

3．接线图

接线图是电气施工的主要图样，主要用于安装接线、线路的检查和故障处理。绘制、识读接线图应遵循以下原则：

（1）接线图中一般应示出如下内容：电气设备和电器元件的相对位置、文字符号、端子编线号、导线号、导线类型、导线截面积、屏蔽和导线绞合等。

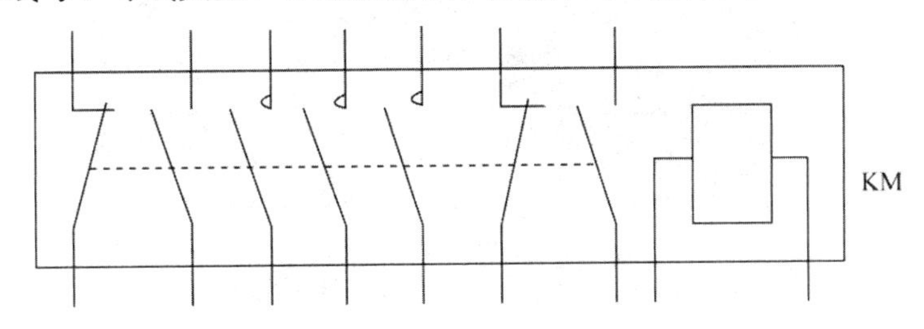

KM 的接线图（画出所有在一起）

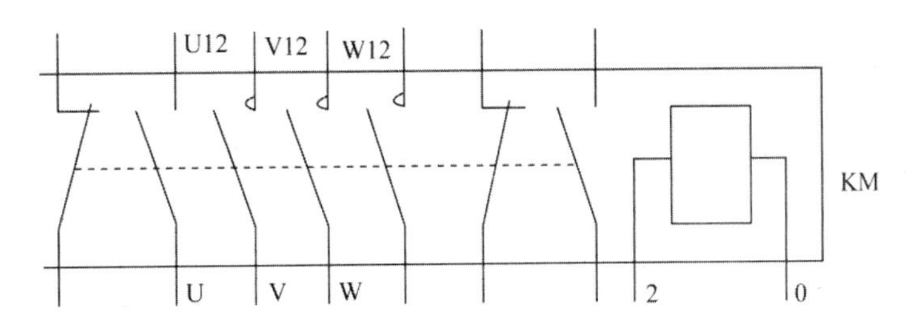

端子编线号

（2）所有的电气设备和电器元件都应按其所在的实际位置绘制在图纸上，且同一电器的各元件应根据其实际结构，使用与电路图相同的图形符号画在一起，并用点画线框上，其文字符号以及接线端子的编号应与电路图中的标注相一致，以便对照检查接线。

在实际工作中，电路图、布置图和接线图应结合起来使用。

（五）安装电器元件

电器元件安装应牢固、整齐、匀称，间距合理，便于元器件的更换，如图 2-14 所示。

图 2-14　安装电器元件

（六）板前明线布线

主、控电路布线分类集中、单层密排、横平竖直、分布均匀、避免交叉线。严禁损伤导线的线芯和绝缘层，导线中间无接头，与接线端子连接时不得压绝缘层、不反圈及露铜过长，如图 2-15 所示。

（七）检查安装质量

用万用表检查电路的正确性，严禁出现短路故障，如图 2-16 所示。

图 2-15　板前明线布线

图 2-16　检查安装质量

1．自检的工艺要求：

（1）按电路图或接线图从电源端开始，逐段核对接线及接线端子处线号是否正确，有无漏接、错接之处。检查导线接点是否符合要求，压接是否牢固。同时注意接点接触应良好，以避免带负载运转时产生闪弧现象。

（2）用万用表检查线路的通断情况。检查时，应选用倍率适当的电阻挡，并进行校零，以防发生短路故障。对控制电路的检查（断开主电路），可将表笔分别搭在U11、V11线端上，读数应为“∞”。按下SB时，读数应为接触器线圈的直流电阻值。然后断开控制电路，再检查主电路有无开路或短路现象，此时，可用手动来代替接触器通电进行检查。

（3）用兆欧表检查线路的绝缘电阻的阻值应不得小于1MΩ。

（4）通电试车的工艺要求：

1）为保证人身安全，在通电试车时，要认真执行安全操作规程的有关规定，一人监护，一人操作。试车前，应检查与通电试车有关的电气设备是否有不安全的因素存在，若查出应立即整改，然后方能试车。

2）通电试车前，必须征得教师的同意，并由指导教师接通三相电源L1、L2、L3，同时在现场监护。学生合上电源开关QF后，用测电笔检查熔断器出线端，氖管亮说明电源接通。按下 SB，观察接触器情况是否正常，是否符合线路功能要求，电器元件的动作是否灵活，有无卡阻及噪声过大等现象，电动机运行情况是否正常等。但不得对线路接线是否正确进行带电检查。观察过程中，若发现有异常现象，应立即停车。当电动机运转平稳后，用钳形电流表测量三相电流是否平衡。

3）试车成功率以通电后第一次按下按钮时计算。

4）出现故障后，应独立进行检修。若需带电检查时，必须有教师在现场监护。检修完毕后，如需要再次试车，也应有教师在现场监护，并做好时间记录。

5）通电试车完毕，停转，切断电源。先拆除三相电源线，再拆除电动机线。

2．注意事项

（1）电动机及按钮的金属外壳必须可靠接地。按钮内接线时，用力不可过猛，以防螺钉打滑。接至电动机的导线，必须穿在导线通道内加以保护，应采用坚韧的四芯橡皮线或塑料护套线，然后进行临时通电校验。

（2）电源进线应接在螺旋式熔断器的下接线座上，出线应接在上接线座上。

（3）安装完毕的控制线路板，必须经过认真检查后，才允许通电试车，以防止错接、漏接，造成不能正常运转或短路事故。

（4）训练应在规定的定额时间内完成。训练结束后，安装的控制板留用。

三、制定维修计划

在学习任务描述的案例中，根据实际情况来判断，维修技师将根据钻床的故障现象，分析钻床出现故障原因，并制定合理的故障诊断方案，同时准备好维修时要用到的工具和材料。如果维修技师对维修中的相关技术不了解，可以通过咨询主管或查阅相关资料进行学习，最终完成维修。

（一）小型立式钻床出现问题的原因

1. 故障诊断及排除方法

立式钻床的检修采取先小后大、先易后难、先高空后地面，先核心后主机的原则，最终到达装备从新安置后的精度机能同装配前同等。采纳分工负责制，谁装配、谁安置。参照任务描述中叙述，诊断故障。

（1）按钮的检修。按钮的安装应牢固，安装按钮的金属板或金属按钮盒必须可靠接地，否则将会导致按钮失灵（按钮触头如图 2-17 所示）。

（2）接触器的检修。检查接触器的外观，应无机械损伤；用手推动接触器可动部分时，接触器应动作灵活，若接触器反应迟缓，说明接触器存在问题（接触器如图 2-18 所示）。

图 2-17　按钮触头

图 2-18　小型交流接触器

（3）触头的检修。由于按钮的触头间距较小，应该保证触头间的清洁干净，如有油污等，该按钮极易发生短路故障。

（二）小型立式钻床点动控制电路的工作原理

手动正转控制电路的优点是所用元器件少，电路简单，缺点是操作劳动强度大，安全性差，并且不便于实现远距离控制和自动控制。如操作人员在快速移动车床刀架时，按下按钮，刀架就快速移动；松开按钮，刀架立即停止移动。刀架快速移动采用的是一种点动

控制电路，它是通过按钮和接触器来实现电路控制的。

如图 2-19 所示为点动正转控制电路，它是用按钮、接触器来控制电动机运转的最简单的正转控制电路，其中图 2-19a 为模拟配电盘，图 2-19 为布置图，图 2-19c 为电路图，图 2-19d 为接线图。生产机械电气控制电路常用布置图、电路图和接线图来表示。

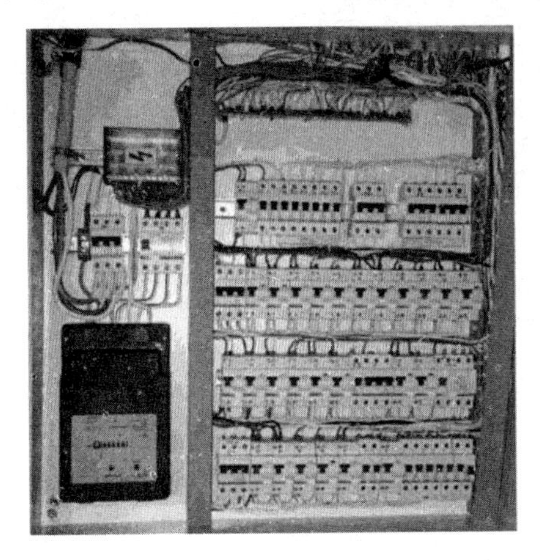

a）

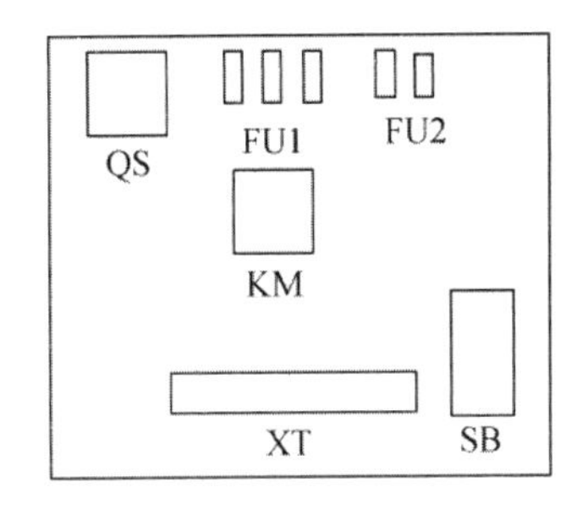

b）

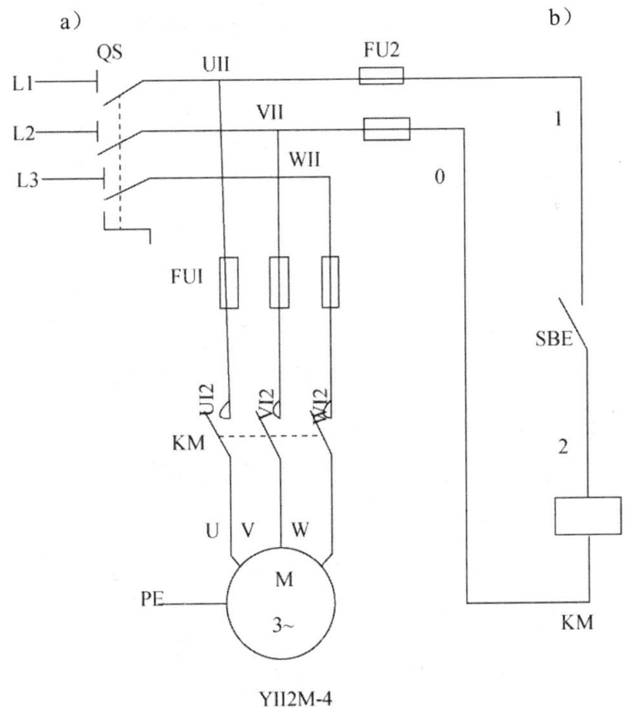

c）

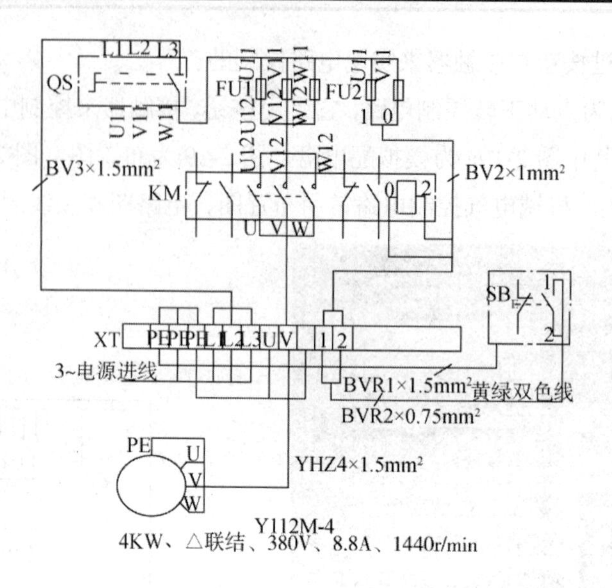

d）

图 2-19　点动正转控制电路

a）模拟配电盘；b）布置图；c）电路图；d）接线图

由图 2-19c 所示的电路图可以看出，三相交流电源 L1、L2、L3 与低压断路器 QF 构成电源电路；熔断器 FU1、接触器 KM 主触头和三相异步电动机 M 构成主电路；由熔断器 FU2、启动按钮 SB 和接触器 KM 的线圈组成的电路称为控制电路。显然，合上低压断路器 QF，电动机 M 不能得电启动运转，只有再按下启动按钮 SB，使接触器 KM 线圈通电，KM 主触头闭合，才能使电动机 M 得电启动运转。松开 SB，KM 线圈断电，其主触头断开复位，电动机断电停转。可见，电动机的运转不再由低压开关手动直接控制，而是由按钮、接触器配合实现自动控制。这种按下按钮，电动机得电运行；松开按钮，电动机断电停转的控制方法，称为点动控制。电动机的起重电动机和车床拖板箱快速移动电动机都采用点动控制方式。

低压断路器 QF 作电源隔离开关；熔断器 FUI、FU2 分别用做主电路、控制电路的短路保护；启动按钮 SB 控制接触器 KM 的线圈得电与失电；接触器 KM 的主触头控制电动机 M 的启动和停止。根据电路图，点动正转控制电路的工作原理可叙述为：

【启动】按下 SB（先合上电源开关 QF）→KM 线圈得电→KM 主触头闭合→电动机 M 启动运转

【停止】松开 SB→KM 线圈失电→KM 主触头分断→电动机 M 断电停转

停止使用时，断开电源开关 QF。

（三）准备元器件和材料

根据电动机的规格选择工具、仪表和器材，并进行质量检验，如表 2-3 所示。

表 2-3　电动机的质量检测

工具	验电器、螺钉旋具、尖嘴钳、斜口钳、剥线钳、电工刀等电工常用工具				
仪表	ZC25-3 型绝缘电阻表（500V）、MC3-l 型钳形电流表、MF47 型万用表				
器材	代号	名称	型号	规格	数量
	M	三相笼型异步电动机	Y112M-4	4kW、380V、8.8A、△联结、1440r/min	1
	QS	组合开关	HZ2-60/3	380V、25A	1
	FU1	螺旋式熔断器	RL1-60/25	80V、60A、配熔体 25A	3
	FU2	螺旋式熔断器	RL1-15/2	380V、15A、配熔体 2A	2
	KM	交流接触器	CJT1-20	20A、线圈电压 380V	1
	SB	按钮	LA4-2H	保护式、按钮数 2	1
	XT	端子板	TD-AZ1	660V、20A	1
		控制板		500mm×400mm×20mm	1
		主电路塑铜线		BVl.5mm^2 和 BVRl.5mm^2	若干
		控制电路塑铜线		BV1.0mm^2	若干
		按钮塑铜线		BVR0.75mm^2	若干
		接地塑铜线		BVR1.5mm^2（黄绿双色）	若干
		木螺钉		5mm×30mm	若干
质检要求	①根据电动机规格检验选择的工具、仪表、器材等是否满足要求 ②电器元件外观应完整无损，附件、备件齐全 ③用万用表、绝缘电阻表检测电器元件及电动机的技术数据是否符合要求				

（四）故障分析与检修

1．查找故障点的常用方法

检修过程的重点是判断故障范围和确定故障点。测量法是维修电工工作中用来准确确定故障点的一种行之有效的检查方法。常用的测量工具和仪表有校验灯、验电器、万用表、钳形电流表、绝缘电阻表等，是通过对电路进行带电或断电时的有关参数如电压、电阻、电流等的测量，来判断元器件的好坏、设备的绝缘情况及电路的通断情况等。

2．用测量法确定故障点

利用电工工具和仪表对电路进行带电或断电测量，常用的方法有电压测量法和电阻测量法；在检查故障点时，有时会用到短接法。

（1）电压测量法测量检查时，首先把万用表的转换开关置于交流电压 500V 的挡位上，然后按如图 2-20 所示的方法进行测量。接通电源，若按下启动按钮 SB1 时，接触器 KM 不吸合，则说明控制电路有故障。

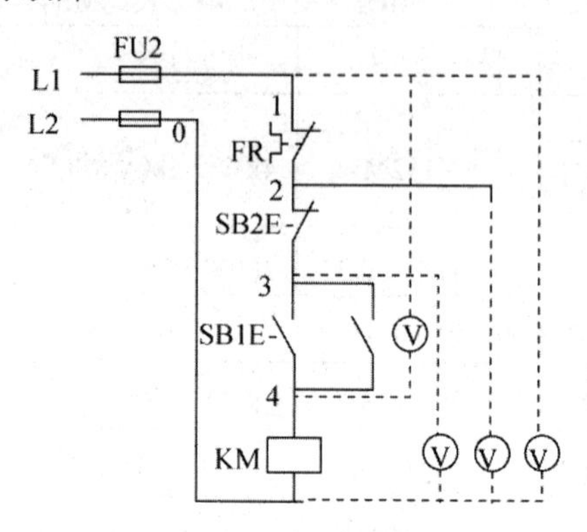

图 2-20　电压测量法

检测时，在松开按钮 SB1 的条件下，先用万用表测量 0 和 1 两点之间的电压，若电压为 380V，则说明控制电路的电源电压正常；然后，把黑表笔接到 0 点上，红表笔依次接到 2、3 各点上分别测量出 0-2、0-3 两点间的电压，若电压均为 380V，再把黑表笔接到 1 点上，红表笔接到 4 点上，测量出 1-4 两点间的电压。根据其测量结果即可找出故障点，如表 2-4 所示。表中符号“×”表示不需要再测量。

表 2-4　电压测量法的故障现象及故障点

故障现象	0-2	0-3	1-4	故障点
按下 SB1，接触器 KM 线圈不吸合	0	×	×	KH 常闭触头接触不良
	380V	0	×	SB2 常闭触头接触不良
	380V	380V	0	KN 线圈短路
	380V	380V	380V	SB1 接触不良

（2）电阻测量法测量检查时，按如图 2-21 所示的方法进行测量。

接通电源，若按下启动按钮 SB1 时，接触器 KM 不吸合，则说明控制电路有故障。检测时，首先切断电路的电源，用万用表依次测量出 1-2、1-3、0-4 两点间的电阻值。根据其测量结果可找出故障点，如表 2-5 所示。

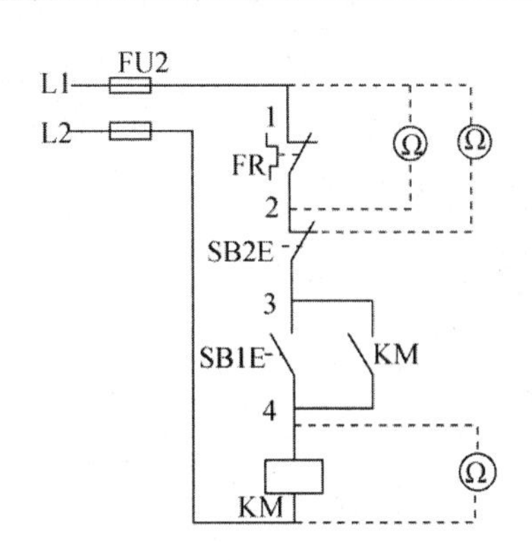

图 2-21　电阻测量法

表 2-5　电阻测量法的故障现象及故障点

故障现象	0-2	0-3	1-4	故障点
按下 SB1，接触器 KM 线圈不吸合	8	×	×	KH 常闭触头接触不良
	0	8	×	SB2 常闭触头接触不良
	0	0	8	KN 线圈短路
	0	0	R	SB1 接触不良

注：*R* 为该接触器 KM 线圈的电阻值

以上方法是用测量法查找确定控制电路的故障点，电路的故障点的查找方法结合图 2-19d 说明如下：

1)测量接触器电源端的 U12-V12、U12-W12、W12-VJ2 之间的电压，看是否均为 380V。若是，说明 U12、V12、W12 三点至电源无故障，可进行第二步测量；否则存在故障，可再测量 U11-Vl1、U11-W11、Wl1-V11 直到 Ll-L2、L2-L3、L3-L1 发现故障。

2）断开主电路电源，用万用表的电阻挡（一般选 *R*×l0 以上挡位）测量接触器负载端 U13-V13、U13-Wl3、W13-V13 之间的电阻，若电阻均较小（电动机定子绕组的直流电阻），说明 U13、V13、W13 三点至电动机无故障，可判断为接触器主触头有故障；否则存在故障，可再测量 U-V、U-W、W-V 到电动机接线端子处的电阻，直到发现故障。

3）根据故障点的不同情况，采刚正确的维修方法排除故障。

4）检修完毕，进行通电空载校验或局部空载校验。

5）校验合格，通电正常运行。

在用测量法检查故障点时，一定要保证测量工具和仪表完好，使用方法正确，还要注意防止感应电、回路电及其他并联支路的影响，以免产生误判断。下而介绍的是短接法。

（3）短接法。用一根绝缘良好的导线，把所怀疑的断路部位短接，如短接过程中电路被接通，说明该处断路。这种方法是检查电路断路故障的一种简单可靠的方法。

1）局部短接法。用短接法检查故障，如图 2-22 所示，按下启动按钮 SB2，若 KM1 不吸合，说明电路有故障。检查前，先用万用表测量 1-0 两点间的电压，若电压正常，可按下 SB2 不放，然后用一根绝缘良好的导线分别短接标号相邻的两点 1-2、2-3、3-4、4-5、5-6（注意绝对不能短接 6-0 两点，否则会造成电源短路），当短接到某两点时，接触器 KM1 动作，即说明故障点在该两点之间。

2）长短接法。长短接法是一次短接两个或两个以上触头来检查故障的方法，用长短接法检查故障如图 2-23 所示。

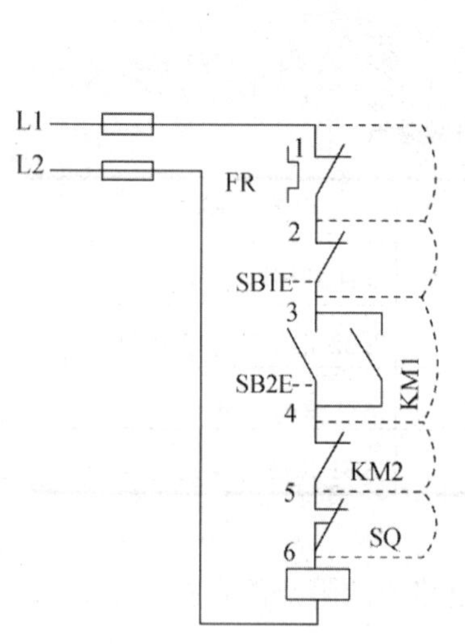

图 2-22　局部短接法

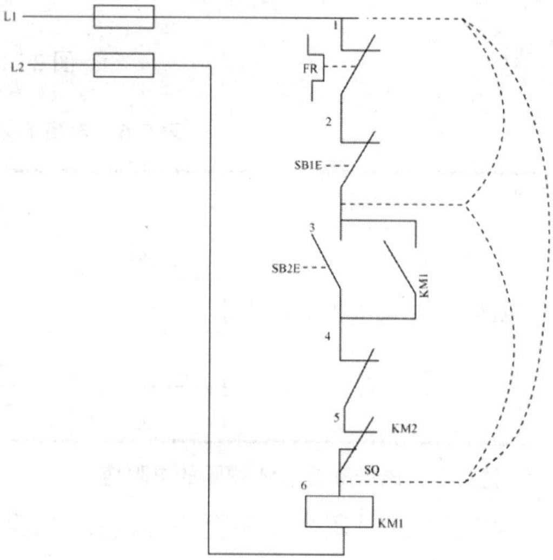

图 2-23　长短接法

在图 2-23 所示电路中，当 KH 的常闭触头和 SB1 的常闭触头同时接触不良时，若用局部短接法短接 1-2 点，按下 SB2，KM1 仍不能吸合，则可能造成判断错误。而用长短接法将 1-6 两点短接，如果 KM1 吸合，则说明 1-6 这段电路上有断路故障，然后再用局部短接法逐段找出故障点。

长短接法的另一个作用是可把故障范围缩小到一个较小的范围。例如，先短接 3-6 两点，如果 KM1 不吸合，再短接 1-3 两点，KM1 吸合，说明故障在 1-3 范围内。可见，将长短接法和局部短接法结合使用，很快就能找出故障点。

在实际检修中，机床电气故障是多种多样的，即使是同一种故障现象，发生的故障部位也是不同的。因此，采用以上故障检修步骤和方法时，不要生搬硬套，应根据故障性质和具体情况灵活应用，各种方法可交叉使用，力求迅速、准确地找出故障点。

（4）故障修复及注意事项查。找出电气设备的故障点后，要着手进行修复、试运行和记录等，然后交付使用。在此过程中应注意以下几点：

1）在找出故障点和修复故障时，应注意不要把找出的故障点作为寻找故障的终点，还必须进一步分析查明产生故障的根本原因，避免类似故障再次发生。

2）在故障的修复过程中，一般情况下应尽量做到复原。

3）每次修复故障后，应及时总结经验，并做好维修记录，作为档案以备日后维修时参考。

四、实施维修作业

在实施维修作业的过程中，维修技师可以按照自己拟定的故障诊断流程对钻床无法启动的故障进行检测，逐一排查，通过对元器件及其控制电路进行检测，最终找到故障部位并对其进行维修或更换。其检修项目主要包括按钮的检查与更换、接触器的检查等。

五、任务工作单

【工单】点动正转控制电路电气原理图

【任务目标】

- 掌握点动控制电气原理
- 分析点动控制电路
- 排除点动控制电路的故障

【实施器材】（以小型立式钻床型号 Z5150A 为主）

实验台、电动机、接触器、按钮、蓄电池、导线、万用表、电工常用工具、维修手册等。

1．写出图示元器件有哪些，作用是什么？

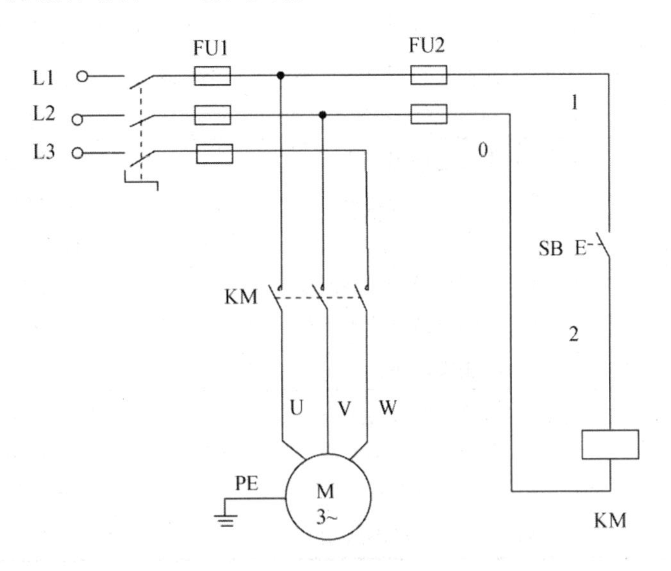

2．依据电路图安装电气控制线路

3．通电试运行该电路，试写出可能的故障

4．评价总结

（1）学习评价

项目内容	配分	评分标准		扣分
装前检查	5分	电器元件漏检或错检	每处扣1分	
安装元件	15分	（1）不按布置图安装	扣5分	
		（2）元件安装不牢固	每只扣4分	
		（3）元件安装不整齐、不匀称、不合理	每只扣3分	
		（4）损坏元件	扣5分	
布线	40分	（1）不按电路图接线	扣20分	
		（2）布线不符合要求	每根扣3分	
		（3）接点松动、露铜过长、压绝缘层圈等	每个扣1分	
		（4）损伤导线绝缘层或线芯	每根扣5分	
		（5）编码套管套装不正确	每处扣1分	
		（6）漏接接地线	扣10分	
通电试车	40分	（1）熔体规格选用不当	扣10分	
		（2）第一次试车不成功	扣20分	
		（3）第二次试车不成功	扣30分	
		（4）第三次试车不成功	扣40分	

安全文明生产	违反安全文明生产规程			扣 5~40 分	
定额时间	2.5h，每超时 5min（不足 5min 以 5min 计）			扣 5 分	
备注	除定额时间外，各项目的最高扣分不应超过配分数			成绩	
开始时间		结束时间		实际时间	

（2）自我评价

序号	任　　务	评　价　等　级			
		不会	基本会	会	很熟练
1	写出图示元器件有哪些，作用是什么？				
2	依据电路图安装电气控制线路				
3	通电试运行该电路，试写出可能的故障				

（3）教师总评

任务三　碾米机接触器自锁正转控制电路的安装与检修

【学习目标】

- 掌握碾米机的结构组成、分类、工作原理;
- 识别和选用元器件，按照电路图、工艺安装要求，安装元器件及电路;
- 用仪表正确地检测电路中各元器件，并分析诊断故障及排除方法。

一、学习任务描述

2013 年 10 月 20 日下午，吴某用碾米机给玉米加工，在这之前吴某已经连续加工了 4h，吴某打开开关，电动机空转几分钟后下料，但下料之后，一直没有出米，随后按下停止按钮，碾米机没有立即停止工作，电动机还是继续转动。吴某检查后，并未发现原因，如果你是维修人员，请你对该故障进行诊断维修。

二、碾米机接触器自锁正转控制线路

（一）碾米机的分类与工作原理

1. 碾米机的分类

碾米机的种类多种多样。按碾白作用方式，可分为擦离型碾米机、碾削型碾米机和混合型碾米机三类；按碾辊的材质，又可分为铁辊碾米机和砂辊碾米机两种；而按碾辊主轴的安装形式，还可分为立式碾米机和横式碾米机。

2. 碾米机的工作原理

糙米由进料斗经流量调节机构进入碾白室后，被螺旋头送到砂辊并沿砂辊表面螺旋前进，按一定线速旋转地金刚砂砂辊表面锐利的砂刃，碾削糙米皮层，并使米粒与米粒，米粒与米筛相互摩擦碰撞，使其开糙及碾白，同时，通过喷风作用，迫使糠粉脱离米粒，排出筛孔。

（二）碾米机结构组成

碾米机主要由固定扳手，加紧螺帽扳手、毛刷、下料斗、砂轮、钢丝刷等组成。运用机械设备产生的机械作用力对糙米进行去皮碾白，所用机械设备称为碾米机。

碾米机（如图 3-1 所示）主要是由米机、粉碎机、电机、机架等四大部分组成，米机主要由机盖、中座、机座、米辊、米筛、米刀、进料斗、溜筛、皮带轮、调节装置组成。粉碎机主要由进料斗、粉碎机壳体、出料斗等组成。

图 3-1　碾米机

本机碾米部分可将稻谷一次性加工成大米，同时完成米、糠、碎米的分离。粉碎部分可用于粉碎稻谷、玉米、高粱、豆类、薯类、茎杆类及打浆。但被加工物的含水量与含杂量会直接影响米质及机器功效、负荷，用于其他作用则会导致与机器的预期用途相违背。

（三）接触器自锁正转控制电路

分析图 3-2 所示电路的工作原理。

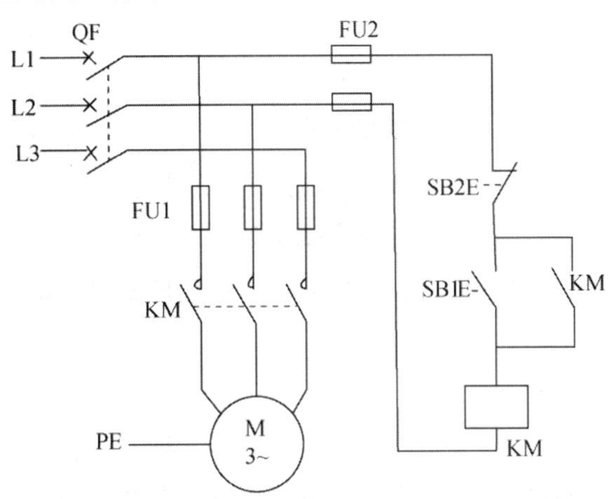

图 3-2　接触器自锁正转控制电路

比较点动控制电路和接触器自锁控制电路得知，两电路的主电路相同，但控制电路不同。在接触器自锁控制电路中串联了一个停止按钮 SB2，在启动按钮 SB1 的两端并联了接触器 KM 的一对辅助常开触头。其电路的工作原理如下：

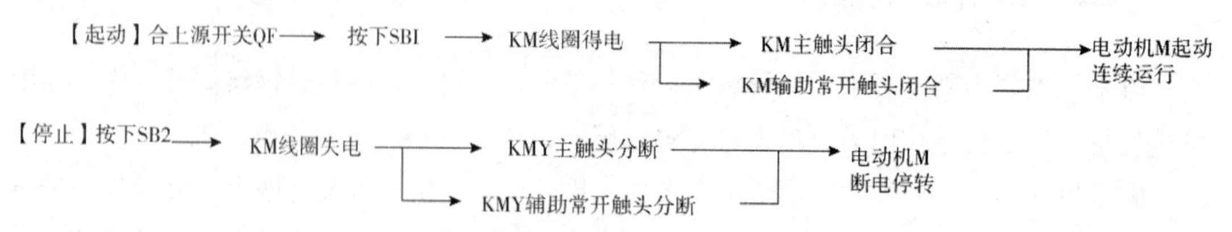

通过以上分析，当松开启动按钮 SB1 后，SB1 的常开触头虽然恢复分断，但接触器 KM 的辅助常开触头闭合时已将 SB1 短接，使控制电路仍保持接通，接触器 KM 继续得电，电动机 M 实现了连续运行。

这种当松开启动按钮后，接触器通过自身的辅助常开触头使其线圈保持得电的作用叫做自锁。与启动按钮并联起自锁作用的辅助常开触头叫做自锁触头。而这样的控制电路叫做接触器自锁控制电路。

按下停止按钮 SB2 切断控制电路时，接触器 KM 断电，其自锁触头已分断解除了自锁，而这时 SB1 也是分断的，所以当松开 SB2 其常闭触头恢复闭合后，接触器也不会自行得电，电动机也就不会自行重新启动运行了。

1．失电压、欠电压保护

在一些具有电动机拖动的大型设备中，如果电动机因电源故障造成脱离电源停止运行，待电源恢复正常时，也不允许电动机自行得电工作，以避免出现威胁人身安全的事故发生。此时就要求电动机控制电路具有失电压、欠电压保护的功能。

（1）欠电压保护

欠电压是指电路电压低于电动机应施加的额定电压。欠电压保护是指当电路电压下降到某一数值时，电动机能自动脱离电源停转，避免电动机在欠电压下运行的一种保护。

接触器自锁控制电路就具有欠电压保护功能。因为当电路电压下降到一定值（一般指低于额定电压 85%以下）时，接触器线圈两端的电压也同样下降到此值，使接触器线圈磁通减弱，产生的电磁吸力减小。当电磁吸力减小到小于反作用弹簧的拉力时，动铁心被迫释放，主触头和自锁触头同时分段，自动切断主电路和控制电路，电动机失电停转，起到了欠电压保护的作用。

（2）失电压（或零电压）保护

失电压保护是指电动机在正常运行时，由于外界某种原困引起突然断电时，能自动切断电动机电源；当重新供电时，保证电动机不能自行启动的一种保护。接触器自锁控制电路也可实现失电压保护作用。因为接触器自锁触头和主触头在电源断电时已经分断，使控制电路和主电路都不能接通，所以在电源恢复供电时，电动机就不会自行启动运转，保证了人身和设备的安全

2．过载保护

电动机在运行的过程中，如果长期运行、负载过大、启动操作频繁，或断相运行，都可能使电动机定子绕组中的电流增大，超过其额定值。而在这种情况下，熔断器往往并不熔断，从而引起定子绕组过热，使温度持续升高。若温度超过允许温升，就会造成绝缘损坏，缩短电动机的使用寿命，严重时甚至会烧毁电动机的定子绕组。因此，对电动机必须采取过载保护措施。

热继电器是利用电流热效应工作的保护电器。它主要与接触器配合使用，用作电动机的过载保护、断相保护、电流不平衡运行的保护及其他电气设备发热状态的控制。图 3-3 所示为常用的几种热继电器的外形图。

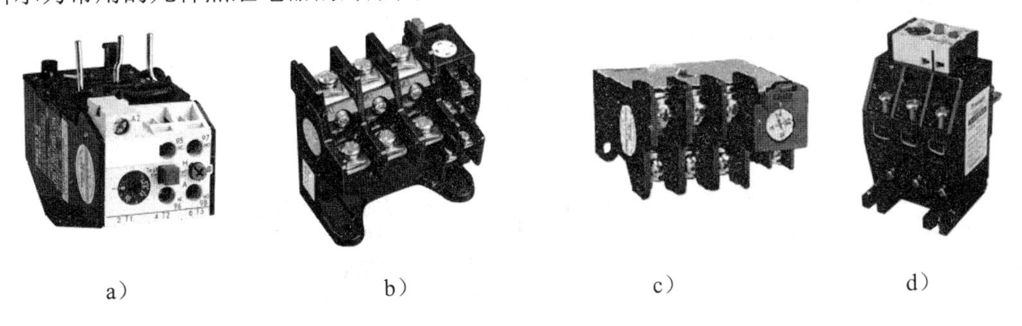

a）　　b）　　c）　　d）

图 3-3　常用热继电器

a）JRS 系列；b）T 系列；c）JR16 系列；d）JR20 系列

JRS 系列热继电器可与接触器插接安装，也可独立安装。采取安全性能高的指触防护接线端子，目前在电气设备上广泛应用。

（1）热继电器结构与电路符号

目前使用的热继电器有两相和三相两种类型。图 3-4 所示为两相双金属片式热继电器，它主要由热元件、传动推杆、常闭触点、电流整定旋钮和复位杆组成。

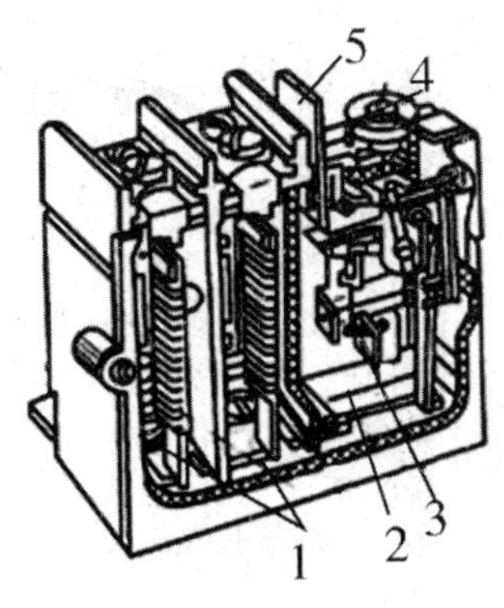

图 3-4　两相双金属片式热继电器结构图

1-热元件；2-传动推杆；3-出头；4-复位杆；5-电流整定旋钮

热继电器电路符号如图 3-5 所示。

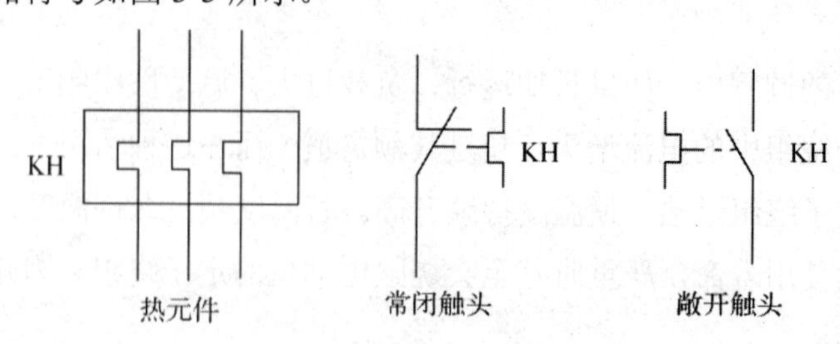

图 3-5 热继电器结构、动作原理和电路符号

热继电器的整定电流是指热继电器长期连续工作而不动作的最大电流，整定电流的大小可通过电流整定旋钮来调整。

（2）型号规格

例如，JRSl-12/3 表示 JRS1 系列额定电流 12A 的三相热继电器。

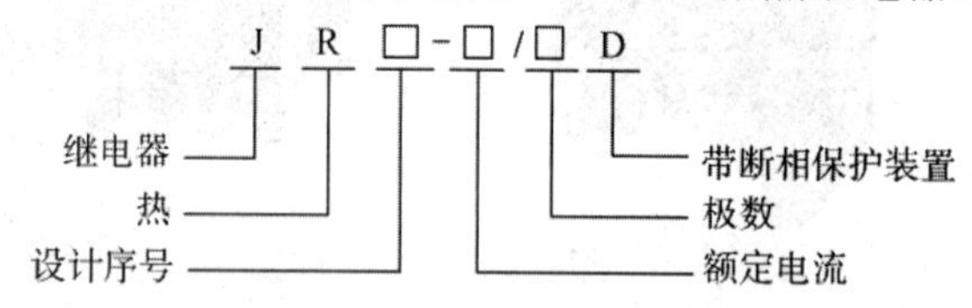

（3）工作原理

热继电器在使用时，需要将热元件串联在主电路中，常闭触头串联在控制电路中，如图 3-6 所示。当电动机过载时，流过电阻丝的电流超过热继电器的整定电流，电阻丝发热增多，温度升高，由于两块金属片的热膨胀系数不同而使主双金属片向右弯曲，通过传动机构推动常闭触头断开，分断控制电路，再通过接触器切断主电路，实现对电动机的过载保护。电源切除后，主双金属片逐渐冷却恢复原位。热继电器的复位机构有手动复位和自动复位两种形式，可根据使用要求通过复位调节螺钉来调整和选择。一般情况下，自动复位时间不大于 5min，手动复位时间不大于 2min。

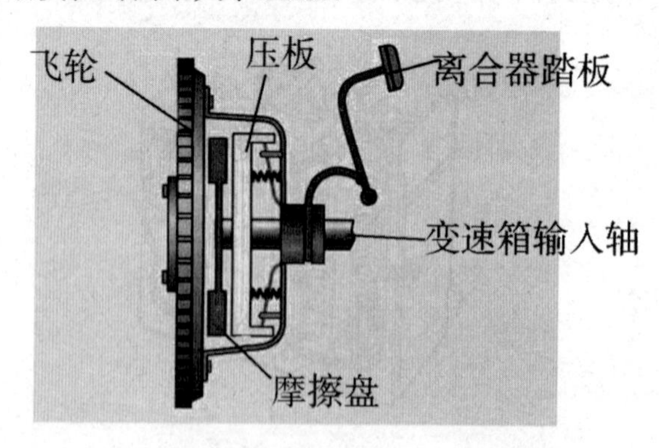

图 3-6 两相双金属片式热继电器工作原理

热继电器的整定电流大小可以通过旋转电流整定装置来调节。热继电器的整定电流是

指使热继电器连续工作而不动作的最大电流。超过整定电流，热继电器将在负载未达到其允许的过载极限之前动作。

实践证明：三相异步电动机的断相运行是导致电动机过热烧毁的主要原因之一。对定子绕组接成 Y 联结的电动机，普通两极或三极结构的热继电器均能实现断相保护。而定子绕组接成 Δ 联结的电动机，必须采用三檄带断相保护装置的热继电器，才能实现断相保护。

由于热继电器主双金属片受热膨胀的热惯性及传动机构传递信号的惰性原因，热继电器从电动机过载到触头动作需要一定的时间，也就是说，即使电动机严重过载甚至短路，热继电器也不会瞬时动作，因此热继电器不能作短路保护。但也正是这个热惯性和机械惰性，保证了热继电器在电动机启动或短时过载时不会动作，从而满足了电动机的运行要求。

（4）热继电器的选择

选择热继电器时，主要根据所保护电动机的额定电流来确定热继电器的规格和热元件的电流等级。具体选择方法如下：

1）根据电动机的额定电流选择热继电器的规格一般情况下应使热继电器的额定电流略大于电动机的额定电流。

2）根据需要的整定电流值选择热元件的电流等级一般情况下，热元件的整定电流为电动机额定电流的 0.95~1.05 倍。

3）根据电动机定子绕组的连接方式选择热继电器的结构形式定子绕组作 Y 联结的电动机选用普通三相结构的热继电器，而作 Δ 联结的电动机应选用三相结构带断相保护装置的热继电器。

（5）热继电器的型号含义及技术数据

常用 JR36 系列热继电器的型号含义如下：

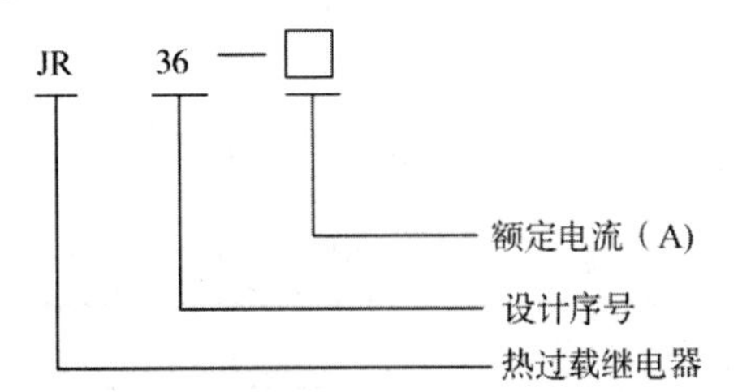

JR36 系列热继电器是在 JR16B 上改进设计的，是 JR16B 的替代产品，其外形尺寸和安装尺寸与 JR16B 系列完全一致。具有断相保护、温度补偿、自动与手动复位、动作可靠等优点。适用于交流 50Hz、电压至 660V（或 690V），电流 0.25~160A 的电路中，对长期或间断长期工作的交流电动机作过载与断相保护。该产品可与 CJT1 接触器组成 QC36 型的电磁启动器。

（6）热继电器的安装与使用

1）热继电器必须按照产品说明书中规定的方式安装。安装处的环境温度应与电动机所处环境温度基本相同。当与其他电器安装在一起时，应注意将热继电器安装在其他电器的下方，以免其动作特性受到其他电器发热的影响。

2）安装时，应清除触头表面尘污，以免因接触电阻过大或电路不通而影响热继电器的动作性能。

3）热继电器出线端的连接导线，应按表 3-1 所示的标准选用。这是因为导线的粗细和材料将影响到热元件端接点传导到外部热量的多少。导线过细，轴向导热性较差，热继电器可能提前动作；反之，导线过粗，轴向导热过快，热继电器可能滞后动作。

表 3-1　热继电器出线端的连接导线选用标准

热继电器额定电流/A	连接导线截面积/mm^2	连接导线种类
10	2.5	单股铜芯塑料线
20	4	单股铜芯塑料线
60	16	多股铜芯塑料线

4）使用中的热继电器应定期通电校验。此外，当发生短路事故时，应检查热元件是否已发生永久变形。若已变形，则需通电校验。若因热元件变形或其他原因导致动作不准确时，只能调整其可调部件，而绝不能弯折热元件。

5）热继电器在出厂时均调整为手动复位方式，如果需要自动复位，只要将复位螺钉沿顺时针方向旋转 3~4 圈，并稍微拧紧即可。

6）热继电器在使用中，应定期用布擦净尘埃和污垢，若发现双金属片上有锈斑，应用清洁棉布蘸汽油轻轻擦除，切忌用砂纸打磨。

（四）元件安装布置图

根据电动机的规格选择工具、仪表盒器材，并进行质量检验，如表 3-2 所示。

表 3-2　电动机的检测

<table>
<tr><td>工具</td><td colspan="5">验电器、螺钉旋具、尖嘴钳、斜口钳、剥线钳、电工刀等电工常用工具</td></tr>
<tr><td>仪表</td><td colspan="5">ZC25-3 型绝缘电阻表（500V）、MC3-1 型钳形电流表、MF47 型万用表</td></tr>
<tr><td rowspan="5">器材</td><td>代号</td><td>名称</td><td>型号</td><td>规格</td><td>数量</td></tr>
<tr><td>M</td><td>三相笼型异步电动机</td><td>Y112M-4</td><td>4kW、380V、8.8A、Δ 联结、1440r/min</td><td>1</td></tr>
<tr><td>QS</td><td>组合开关</td><td>HZ2-60/3</td><td>380V、25A</td><td>1</td></tr>
<tr><td>FU1</td><td>螺旋式熔断器</td><td>RL1-60/25</td><td>380V、60A、配熔体 25A</td><td>3</td></tr>
<tr><td>FU2</td><td>螺旋式熔断器</td><td>RL1-15/2</td><td>380V、15A、配熔体 2A</td><td>2</td></tr>
</table>

KH	热继电器	JR36-20	三极、20A、热元件 11A、整定电流 8.8A	1
KM	交流接触器	CJT1-20	20A、线圈电压 380V	1
SB1、SB2	按钮	LA4-2H	保护式、按钮数 2	1
XT	端子板	TD-AZ1	660V、20A	1
	控制板		500mm×400mm×20mm	1
	主电路塑铜线		BVl.5mm^{2}和 BVRl.5mm^2	若干
	控制电路塑铜线		BV1.0mm^2	若干
	按钮塑铜线		BVR0.75mm^2	若干
	接地塑铜线		BVR1.5mm^2（黄绿双色）	若干
	木螺钉		5mm×30mm	若干
质检要求	1．根据电动机规格检验选择的工具、仪表、器材等是否满足要求 2．电器元件外观应完整无损，附件、备件齐全 3．用万用表、绝缘电阻表检测电器元件及电动机的技术数据是否符合要求			

在接触器自锁正转控制电路中，熔断器 FU1、FU2 分别作主电路和控制电路的短路保护用，接触器 KM 除控制电动机的起、停外，还作欠电压和失电压保护用。图 3-7a 所示电路是在接触器自锁正转控制电路中，增加了一个热继电器 KH，构成了具有过载保护的接触器自锁正转控制电路。该电路不但具有短路保护、欠压和失压保护作用，而且具有过载保护作用。在实际中应用广泛。

过载保护是指当电动机出现过载时，能自动切断电动机的电源，使电动机停转的一种保护。电动机为什么需要过载保护呢？因为电动机在运行过程中，如果长期负载过大，或启动操作频繁、断相运行，都可能使电动机定子绕组的电流增大，超过其额定值。而在这种情况下，熔断器往往并不熔断，从而引起定子绕组过热，使温度持续升高。若温度超过允许温升，就会造成绝缘损坏，缩短电动机的使用寿命，严重时甚至会烧毁电动机的定子绕组。因此，对电动机还必须采取过载保护措施。

电动机控制电路中，最常用的过载保护电器是热继电器，它的热元件串联在三相主电路中，常闭触头串联在控制电路中，如图 3-7a 所示。若电动机在运行过程中，由于过载或其他原因使电流超过额定值，则经过一定时间后，串联在主电路中的热元件因受热发生弯曲，通过传动机构使串联在控制电路中的常闭触头分断，切断控制电路，接触器 KM 线圈失电，其主触头和自锁触头分断，电动机 M 断电停转，达到了过载保护的目的。

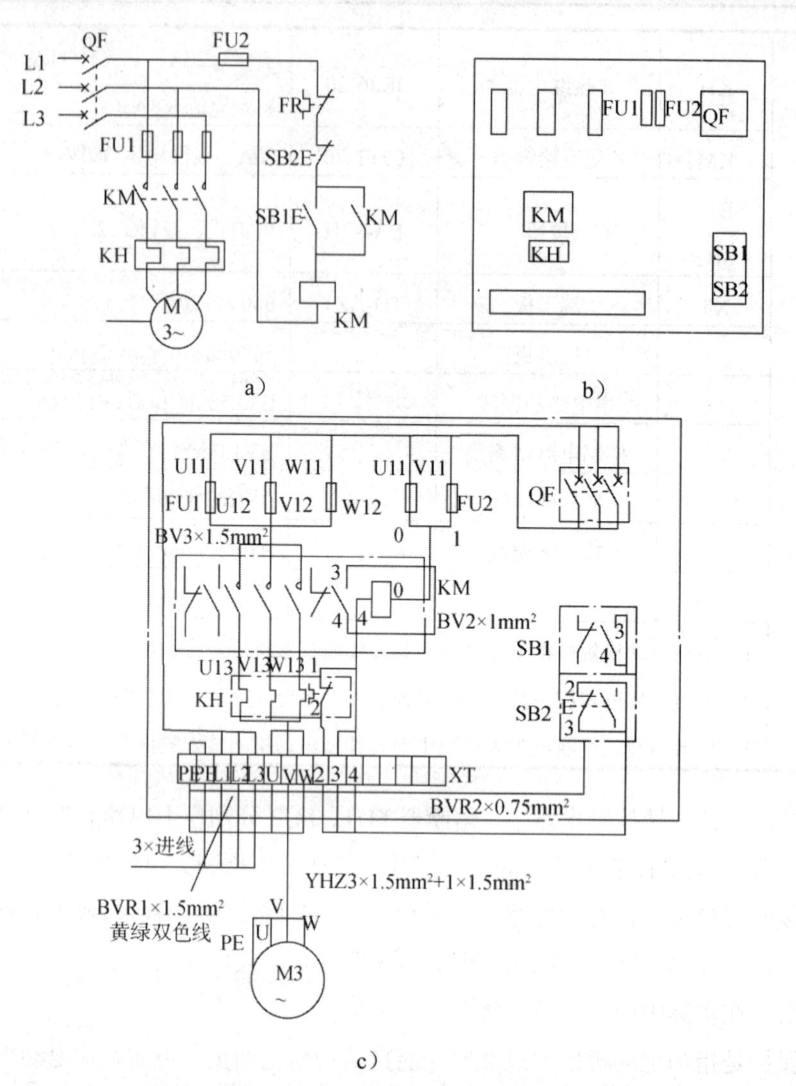

图 3-7　具有过载保护的接触器自锁正转控制电路

a）电路图；b）布置图；c）接线图

（五）接线步骤方法

1．安装自锁正转控制线路步骤

自动锁正控制线路的接线方式如图 3-8 所示。

图 3-8　布置接线图

安装自锁正转控制线路的具体步骤如下：

（1）识读原理图和接线图，明确所用元器件及作用，并熟悉线路工作原理。

（2）按原理图配齐所有电器元件并检验。

（3）在控制板上按接线图安装电器元件。

（4）配线，按接线图配线，先接控制电路，在接主电路，并套编码套管。

（5）根据电路图，检查控制板配线的正确性。

（6）安装电动机。

（7）连接电源、电动机控制板以外的导线。

（8）自检。

（9）校验。

（10）通电试车。

2．工艺要求

（1）元件布置、排列应符合电气要求。

（2）配线应符合电气要求。

（3）安装时，应按“先主电路，后控制电路”的顺序。

（4）走线应平整，转角处应弯成直角，即做到“横平竖直”。

（5）控制线路走线应避免交叉。

（6）导线不能裸露；接线桩应压紧导线头，但不能压住绝缘层；不能反圈。

（7）与控制板外的设备相连接时，要通过接线端子排。

（8）安装完后进行仔细检查，并进行通电试车。

（9）安装、检查和试车时，一定要符合电气安全操作要求。

3．注意事项

（1）接按钮线时不可用力过猛，以防螺钉打滑。

（2）电动机及按钮的金属外壳必须可靠接地。

（3）电源进线必须接在螺旋熔断器的下接线座，出线应接在上接线座。

（4）安装完毕的线路板，必须经过认真检查后，才允许通电试车，以防错接、漏接，造成不能正常运转或短路故障。

（5）编码套管要套装正确。

（6）训练应在规定时间完成。

（六）检查电路的方法

（1）按照电路图或接线图从电源端开始，逐段核对接线及接线端子处线号是否正确，有无漏接、错接之处。检查导线接点是否符合要求，压接是否牢固。

（2）用万用表检查线路的通断情况。

（3）用兆欧表检查线路绝缘电阻的阻值，应不得小于 1MΩ。

三、制定维修计划

在学习任务描述的案例中，根据实际情况来判断，并制定维修计划。维修技师将根据碾米机的故障现象，分析发不出去料的故障原因，并制定合理的故障诊断方案，同时准备好维修时要用到的工具和材料。如果维修技师对维修此中的部分元件缺乏了解，可以通过咨询维修主管或者查阅相关资料进行学习。

（一）碾米机不能正常工作的故障原因

1．三角带故障检修

检查碾米机与动力的相对位置是否合理，若两皮带轮的周新不平行，或两轮不在同一平面内，则证明该处故障。三角带如图 3-9 所示。

图 3-9　三角带

2．碾米机机座检修

检查地脚螺栓的紧固情况，紧固后再检查风扇叶是否变形，加大紧固后，碾米机振动

还不停止，说明此处故障。

3．电动机噪声过大故障检修

检查电动机的轴承是否磨损缺油、出米口弹簧压力是否过大和电压是否稳定，若重新启动后电动机噪声不见，则说明电动机有故障。电动机如图 3-10 所示。

图 3-10　电动机

（二）点动控制线路安装工艺要求

点动控制线路安装的工艺要求参照点动正转控制线路的安装与检修即可，只是在原来的基础上加装一个热继电器，完成具有过载保护的接触器自锁正转控制线路的安装。

（1）接触器 KM 的自锁触头应并接在启动按钮 SB1 两端，停止按钮 SB2 应串接在控制电路中，热继电器 KH 的热元件应串接在主电路中，其常用闭触头应串接在控制电路中。

（2）电动机及按钮的金属外壳必须可靠接地。接至电动机的导线必须穿在导线通道内加以保护，或采用坚韧的四芯橡皮线或塑料护套线进行临时通电校验。

（三）接触器自锁正转控制线路检修

接触器自锁正转控制线路的故障及故障原因如表 3-3 所示。

表 3-3　接触器自锁正转控制线路的故障及故障原

出现的故障	故障原因
电路上电后，按下启动按钮，接触器线圈得电，但电机不动作（无动静）	主电路熔断器坏掉二相或三相
电路一上电，按下启动按钮，电机只能点动运转	自锁线路没有接好，接触不良
电路上电后，按下启动按钮，电机正常运转，但按下停止按钮后停不下来	自锁的进线端并在停止按钮的进线端

四、实施维修作业

在实施维修作业的过程中，维修技师可以按照自己的诊断流程对碾米机进行故障检测，逐一排查，通过对碾米机各元件及其控制电路的检测检测，找到故障部位并对其进行维修或更换。其检修项目主要包括：机座的检查与更换、皮带轮检查与更换、电动机的检查与更换、米筛的检查与更换等。

五、任务工作单

【工单】接触器自锁控制线路

【任务目标】

- 掌握自锁控制电路的电路图
- 掌握自锁控制电路的工作原理
- 正确地安装调试自锁控制电路

【实施器材】电路板、导线、开关、电动机、所需原器件、实验台、常用点动工具、万用表等。

1．按下图所示，利用材料安装控制电路图（具有过载保护的接触器自锁控制线路板）

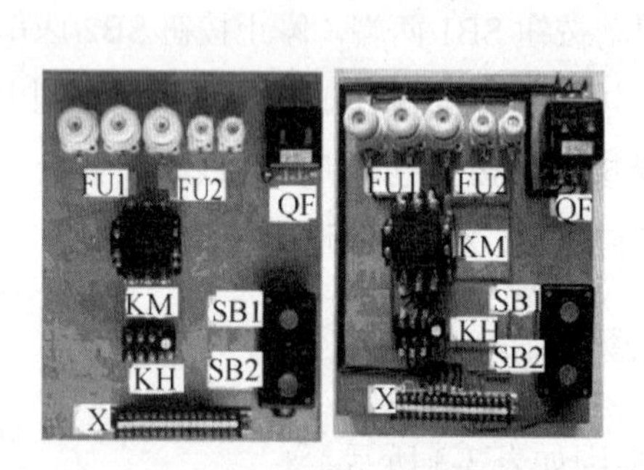

2．请写出该电路通电试运行、检测的步骤

3．请指出下图自锁控制电路有关错误现象并改正

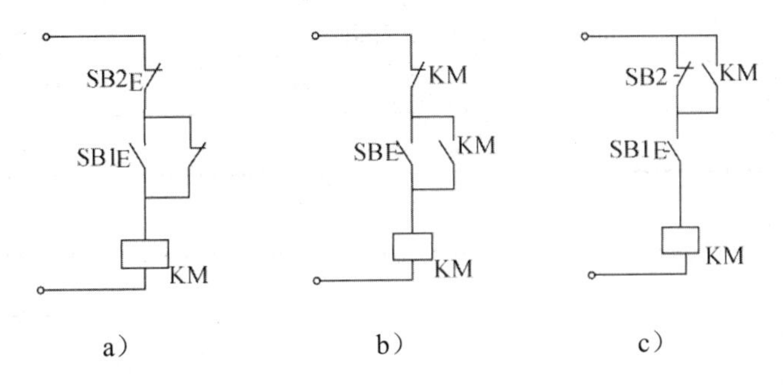

4．评价总结

（1）学习评价

项目内容	配分	评分标准		扣分
装前检查	5 分	电器元件漏检或错检	每处扣 1 分	
安装元件	15 分	（1）不按布置图安装	扣 5 分	
		（2）元件安装不牢固	每个扣 4 分	
		（3）元件安装不整齐、不匀称、不合理	每个扣 3 分	
		（4）损坏元件	扣 15 分	
布线	40 分	（1）不按电路图接线	扣 25 分	
		（2）布线不符合要求	每根扣 3 分	
		（3）接点松动、露铜过长、压绝缘层反圈等	每个扣 1 分	
		（4）损伤导线绝缘层或线芯	每根扣 5 分	
		（5）编码套管套装不正确	每处扣 1 分	
		（6）漏接接地线	扣 10 分	
通电试车	40 分	（1）热继电器为整定或整定错误	扣 15 分	
		（2）熔体规格选用不当	扣 10 分	
		（3）第一次试车不成功	扣 20 分	
		（4）第二次试车不成功	扣 30 分	
		（5）第三次试车不成功	扣 40 分	

安全文明生产	违反安全文明生产规程			扣 5~40 分	
定额时间	3h，每超时 5min（不足 5min 以 5min 计）			扣 5 分	
备注	除定额时间外，各项目的最高扣分不应超过配分数			成绩	
开始时间		结束时间		实际时间	

（2）自我评价

序号	任　务	评　价　等　级			
		不会	基本会	会	很熟练
1	按上图所示，利用材料安装控制电路图				
2	请写出该电路通电试运行、检测的步骤				
3	请指下图自锁控制电路有关错误现象并改正				

（3）教师总评

任务四　行车（带位置）控制正反转控制电路的安装与检修

【学习目标】

- 正确安装电动机正反转控制电路、绘制接线图；
- 识别和选用元器件，按照工艺要求安装元器件并连接电路；
- 用仪表检测元器件，检查电路的正确性。
- 掌握正反转控制电路故障的检修。

一、学习任务描述

2014年4月15日上午5时38分，某工业园区一家机械制造公司车间内，乔某在操作一台普通桥式起重机实施起吊作业，但按下开关后，主钩不动作，检查连接主钩的线均完好。于是找专业维修人员进行维修，如果你是维修人员，请你对该故障进行检测和维修。

二、桥式起重机正反转控制电路

行车、吊车、天车都是人们对起重机的笼统叫法。起重机一般分为两类：一类为集中驱动，即用一台电动机带动长传动轴驱动两边的主动车轮；另一类为分别驱动，即两边的主动车轮各用一台电动机驱动。中、小型桥式起重机较多采用制动器、减速器和电动机组合成一体的“三合一”驱动方式，大起重量的普通桥式起重机为便于安装和调整，驱动装置常采用万向联轴器。本任务将学习桥式起重机正反转控制电路的安装与检修。

（一）桥式起重机的分类与结构

桥式起重机是指桥架在高架轨道上运行的一种桥架型起重机，又称天车。桥式起重机的桥架沿铺设在两侧高架上的轨道纵向运行，起重小车沿铺设在桥架上的轨道横向运行，构成一矩形的工作范围，就可以充分利用桥架下面的空间吊运物料，不受地面设备的阻碍。这种起重机广泛用在室内外仓库、厂房、码头和露天贮料场等处。桥式起重机可分为普通桥式起重机、简易梁桥式起重机和冶金专用桥式起重机三种。普通桥式起重机一般由起重小车、桥架运行机构、桥架金属结构组成，如图4-1所示。起重小车又由起升机构、小车运行机构和小车架三部分组成。

起升机构包括制动器、电动机、减速器、卷筒和滑轮组。电动机通过减速器，带动卷筒转动，使钢丝绳绕上卷筒或从卷筒放下，以升降重物。小车架是支托和安装起升机构和小车运行机构等部件的机架，通常为焊接结构。

图 4-1 大起重量的普通桥式起重机

（二）电动机正反转控制电路

1．倒顺开关正反转控制电路

正转控制电路只能使电动机朝一个方向旋转，带动生产机械的运动部件朝一个方向运动。要满足生产机械运动部件能向正、反两个方向运动，就要求电动机能实现正、反转控制。当改变通入电动机定子绕组的三相电源相序，即把接入电动机三相电源进线中的任意两相接线对调时，电动机就可以反转。倒顺开关及其正反转控制电路如图 4-2 所示。万能铣床主轴电动机的正反转控制就是采用倒顺开关来实现的。

a）

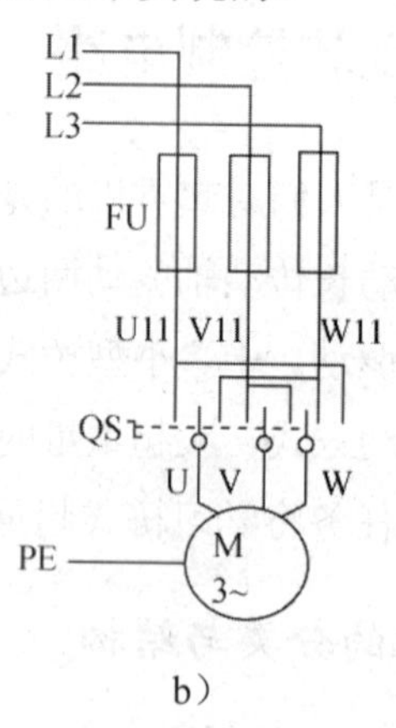

b）

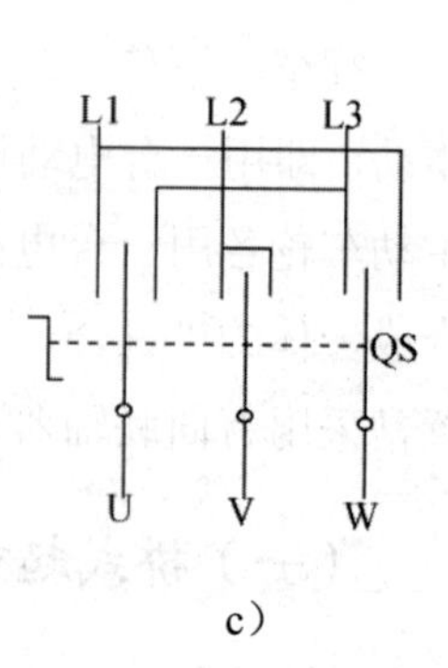

c）

图 4-2 倒顺开关正反转控制电路

a）HZ3-452 型倒顺开关；b）正反控制电路；c）QS 接线图

2．接触器联锁正反转控制电路

如图 4-3 所示为接触器联锁正反转控制电路。电路中采用了两个接触器，即控制正转的接触器 KM1 和控制反转的接触器 KM2，它们分别由正转按钮 SB1 和反转按钮 SB2 控制。从主电路中可以看出，这两个接触器的主触头所接通的电源相序不同。KM1 按 Ll-L2-L3 相序接线，KM2 则按 L3-L2-Ll 相序接线。相应的控制电路有两条：一条是由按钮 SB1 和接触器 KM1 线圈等组成的正转控制电路；另一条是由按钮 SB2 和接触器 KM2 线圈等组成的反转控制电路。必须指出的是，接触器 KM1 和 KM2 的主触头绝不允许同时闭合，否则将造成两相电源（Ll 相和 L3 相）短路事故。为了避免两个接触器 KM1 和 KM2 同时得电动作，必须在正、反转控制电路中分别串联对方接触器的一对辅助常闭触头。

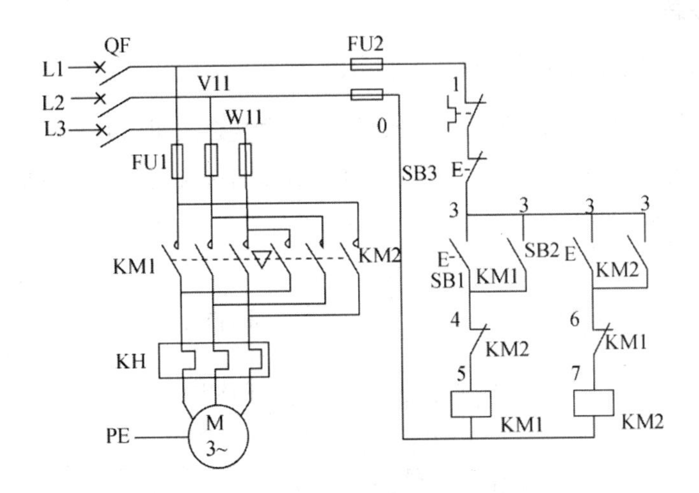

图 4-3 接触器联锁正反转控制电路

接触器联锁正反转控制电路电路工作原理如下：

（1）正转控制

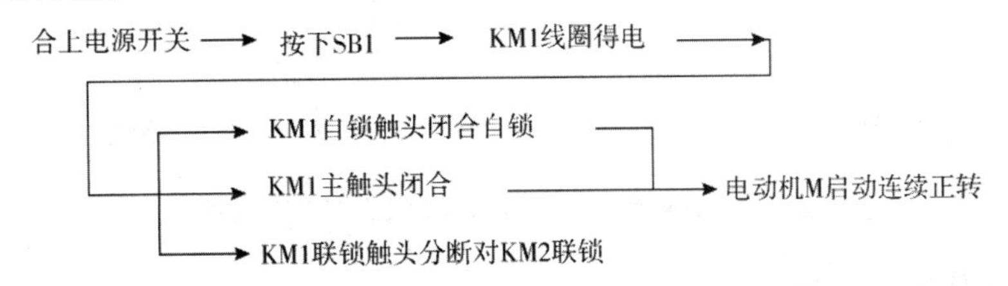

若要电动机 M 停止转动，按下 SB3，整个控制电路断电，KM1 触头恢复初始状态，电动机 M 断电停转。

（2）反转控制

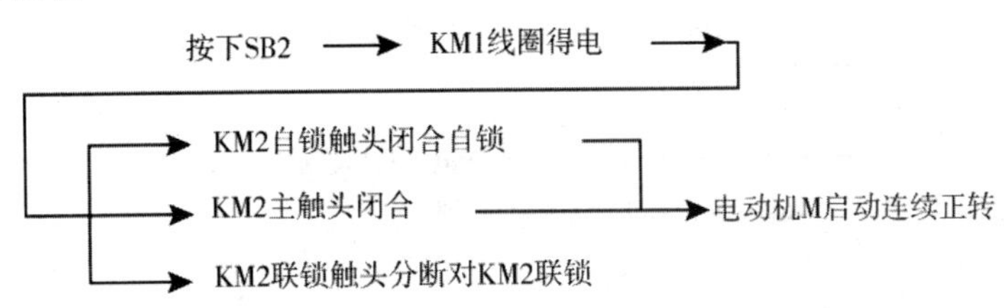

同理，若要电动机 M 停止转动，按下 SB3，整个控制电路断电，KM2 触头恢复初始

状态，电动机 M 断电停转。

当一个接触器得电动作时，通过其辅助常闭触头使另一个接触器不能得电动作，接触器之间的这种相互制约作用叫做接触器联锁（或互锁）。实现联锁作用的辅助常闭触头称为联锁触头（或互锁触头），联锁符号用“▽”表示。

接触器联锁正反转控制电路的优点是工作安全可靠，缺点是操作不便。因为电动机从正转变为反转时，必须先按下停止按钮，才能按反转启动按钮，否则由于接触器的联锁作用，不能实现反转。

3．接触器和按钮双重联锁正反转控制电路

如果把正转按钮 SB1 和反转按钮 SB2 换成两个复合按钮，并把两个复合按钮的常闭触头也串联在对方的控制电路中，构成如图 4-4 所示的接触器和按钮双重联锁正反转控制电路，就能克服接触器联锁正反转控制电路操作不便的缺点，使电路操作方便，工作安全。

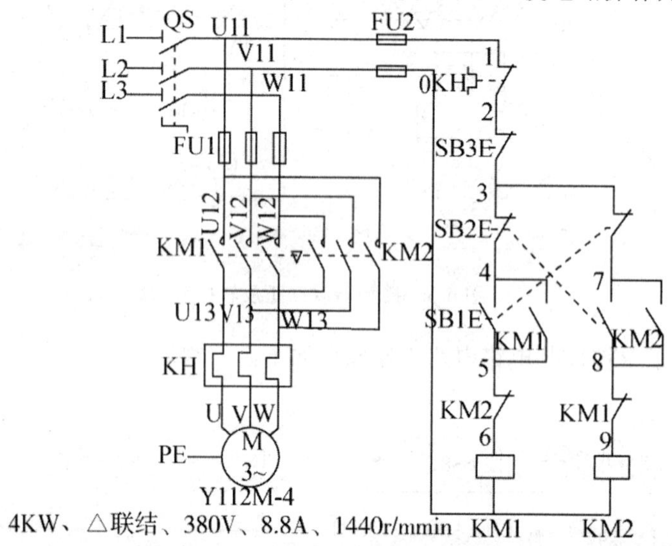

图 4-4　接触器和按钮双重联锁正反转控制电路

电路的工作原理如下：

（1）正转控制

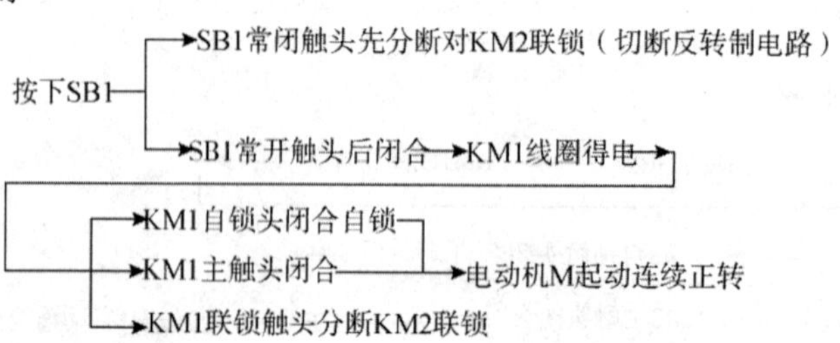

（2）反转控制

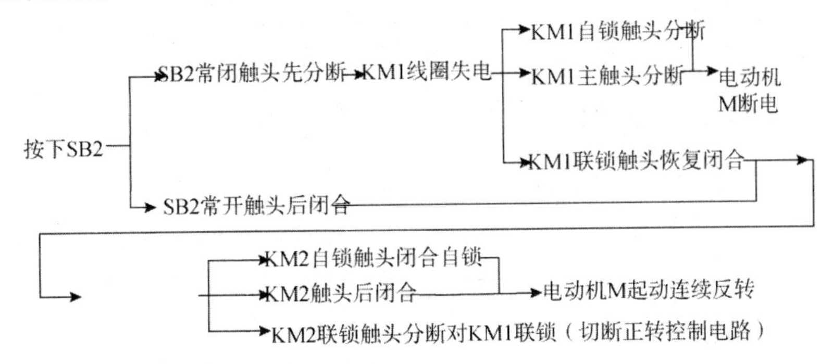

（三）安装元器件

（1）按位置控制电路布置图如图 4-5 所示，在控制板上安装元器件，断路器、熔断器的受电端子应该安装在控制板的外侧，并确保熔断器的受电端为底座的中心端。

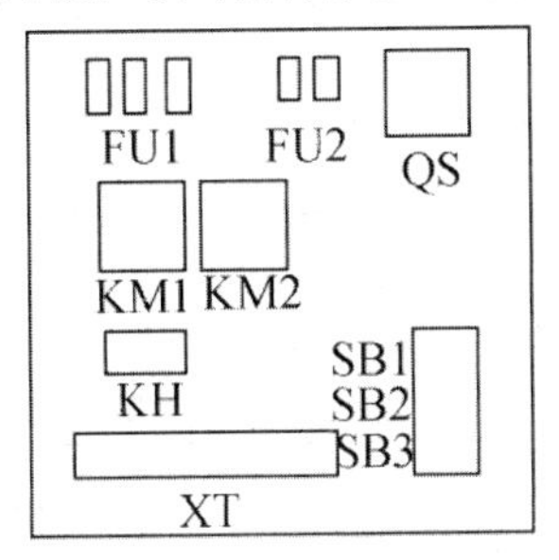

图 4-5　位置控制电路布置图

（2）各元器件的安装位置应整齐、匀称、间距合理，便于元器件的更换。

（3）紧固各元器件时，用力要均匀、紧同程度要适当。在紧固熔断器、接触器等易碎元器件时，应该用手按住元件一边轻轻摇动，一边用旋具轮换旋紧对角线上的螺钉，直到手摇不动时，再适当旋紧一些。

（四）准备元器件和材料、布线

1．元器件和材料

根据电动机的规格选择工具、仪表盒器材，并进行质量检验，如表 4-1 所示。

表 4-1 电动机的质量检验

<table>
<tr><td>工具</td><td colspan="5">验电器、螺钉旋具、尖嘴钳、斜口钳、剥线钳、电工刀等电工常用工具</td></tr>
<tr><td>仪表</td><td colspan="5">ZC25-3 型绝缘电阻表（500V）、MC3-1 型钳形电流表、MF47 型万用表</td></tr>
<tr><td rowspan="17">器材</td><td>代号</td><td>名称</td><td>型号</td><td>规格</td><td>数量</td></tr>
<tr><td>M</td><td>三相笼型异步电动机</td><td>Y112M-4</td><td>4kW、380V、8.8A、Δ 联结、1440r/min</td><td>1</td></tr>
<tr><td>QS</td><td>组合开关</td><td>HZ2-60/3</td><td>380V、25A</td><td>1</td></tr>
<tr><td>FU1</td><td>螺旋式熔断器</td><td>RL1-60/25</td><td>380V、60A、配熔体 25A</td><td>3</td></tr>
<tr><td>FU2</td><td>螺旋式熔断器</td><td>RL1-15/2</td><td>380V、15A、配熔体 2A</td><td>2</td></tr>
<tr><td>KH</td><td>热继电器</td><td>JR36-20</td><td>三极、20A、热元件 11A、整定电流 8.8A</td><td>1</td></tr>
<tr><td>KM1KM2</td><td>交流接触器</td><td>CJT1-20</td><td>20A、线圈电压 380V</td><td>1</td></tr>
<tr><td>SB1
SB2
SB3</td><td>按钮</td><td>LA4-3H</td><td>保护式、按钮数 3</td><td>1</td></tr>
<tr><td>XT</td><td>端子板</td><td>TD-AZ1</td><td>660V、20A</td><td>1</td></tr>
<tr><td></td><td>控制板</td><td></td><td>500mm×400mm×20mm</td><td>1</td></tr>
<tr><td></td><td>主电路塑铜线</td><td></td><td>BV 1.5mm^2 和 BVR 1.5mm^2</td><td>若干</td></tr>
<tr><td></td><td>控制电路塑铜线</td><td></td><td>BV1.0mm^2</td><td>若干</td></tr>
<tr><td></td><td>按钮塑铜线</td><td></td><td>BVR0.75mm^2</td><td>若干</td></tr>
<tr><td></td><td>接地塑铜线</td><td></td><td>BVR1.5mm^2（黄绿双色）</td><td>若干</td></tr>
<tr><td></td><td>木螺钉</td><td></td><td>5mm×30mm</td><td>若干</td></tr>
<tr><td>质检要求</td><td colspan="5">①根据电动机规格检验选择的工具、仪表、器材等是否满足要求
②电器元件外观应完整无损，附件、备件齐全
③用万用表、绝缘电阻表检测电器元件及电动机的技术数据是否符合要求</td></tr>
</table>

2．板前明线布线

（1）布线通道要尽可能少，同路并行导线按主电路、控制电路分类集中，单层密排，紧贴安装板布线。

（2）同一平面的导线应高低一致或前后一致，不能交叉。非交叉不可时，该导线应该在接线端子引出时就水平架空跨越，并且必须走线合理。

（3）布线应横平竖直、分布均匀。变换走向时应垂直转向。

（4）布线时严禁损伤线芯和导线绝缘层。

（5）布线顺序一般以接触器为中心，按照由里向外、由低至高、先控制电路、后主电路的顺序进行，以不妨碍后续布线为原则。

（6）在每根剥去绝缘层导线的两端套上编码套管。所有从一个接线端子（或接线桩）到另一个接线端子（或接线桩）的导线必须连续，中间无接头。

（7）导线与接线端子或接线桩连接时，不得压绝缘层、反圈及露铜过长。同一元器件、同一同路的不同连接点的导线间距离应保持一致。

（8）一个元器件接线端子上的连接导线不得多于两根，每节接线端子板上的连接导线一般只允许连接一根。

（五）检查电路方法

1．主电路的检查

先取下 FU1，对主电路进行检查，将指针万用表打到 $R\times1$ 挡或数字标的为 200Ω 挡，将表笔放在 QF 下端的 U-V、U-W、V-W，分别按下 KM1 和 KM2，此时万用表的读数为电动机（电动机 Y 型接法）两绕组的串连电阻值。测三次（U-V、U-W、V-W）的电阻值应该相等。如果测量结果符合上述要求，表明主电路接线正确，否则主电路线路有给故障。

2．控制电路的检查

先测量交流接触器的线圈电阻（1.7K），将指针万用表打到 $R\times10$ 或 $R\times100$ 档或数字万用表的 2k 档，表笔放在 FU 的出线端，此时万用表的读数应为无穷大。

三、制定维修计划

根据学习任务描述案例反映的实际状况来判断故障所在。在制定维修计划环节，维修技师将根据起重机的故障现象，分析故障原因，并制定合理的故障诊断方案，同时准备好车辆维修时要用到的工具和材料。如果维修技师缺乏对起重机相关内容的了解，可以通过咨询维修主管或者查阅相关资料进行学习。

（一）桥式起重机故障原因

1．机械传动方面的常见故障

（1）制动器刹车不灵、制动力矩小。

（2）制动器打不开。

（3）制动瓦衬磨损。

（4）制动器的制动力矩不稳定。

（5）制动器安装不当、其制动架与制动轮不同心或偏斜。

（6）电磁铁冲程调整不当或长行程制动电磁铁水平杆下面有支承物。

制动器刹车不灵、制动力矩小，起升机构发生溜钩现象；在运行机构中发生溜车现象。

2．电气传动方面的故障

（1）电动机在运转过程中均匀过热。

（2）电动机在运行时振动。

（3）控制器在扳转过程中有卡住。

（4）控制器触头烧蚀严重。

（5）交流接触器线圈产生高热。

3．故障诊断与排除方法

（1）总断路器的检修

图 4-6 所示为断路器，用万用表检查断路器的额定电流或整定电流是否过小；并检查电机是否运转正常，若断路器没有反应，则说明起重机有故障。

（2）主钩电机的检修

图 4-7 所示为主钩电机，检查主钩电机的运转及通向主钩电机的线缆的情况。接通电源后，通向主钩的线缆没有异常，但主钩电机不运转，则检查电机是否堵塞或烧损。

图 4-6　断路器

图 4-7　主钩电机

（二）电动机正反转控制电路的故障与检修

（1）控制电路不带电。可能是控制电路没有取相（回相）造成的，此时可以检查控制电路，按下开关 SB2 或 SB3 看是否通路，若通路，则检测熔断器是否正常。

（2）主电路不带电。此时可能开关没有闭合，或熔断器已烧坏，也有可能是主触点接触不良，可用万用表测量，然后确定问题所在。

（3）电路少相。表现为电机转速慢，并产生较大的噪音，此时可以测量三相电路，确定少相的线路，并加以调整。

（4）电路短路。此问题最为严重，必须对整个电路进行测量检查

四、实施维修作业

在实施维修作业的过程中，维修技师可以按照自己拟定的故障诊断流程对起重机故障进行检测，逐一排查，通过启动系统各元件及其控制电路进行检测，最终找到故障部位并对其进行维修或更换。

五、任务工作单

【工单一】倒顺开关正反转控制电路

【任务目标】

- 掌握倒顺开关正反转控制电路工作原理
- 安装倒顺开关正反转控制电路
- 排除倒顺开关正反转控制电路的故障

【实施器材】所需元器件、实验台、电动机、点火开关、导线、万用表、常用工具、维修手册等。

1．写出图示倒顺开关正反正控制电路的工作原理

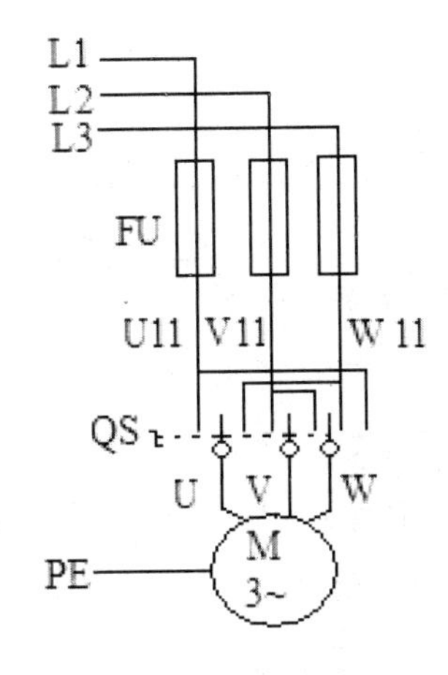

2．依据电路图写出该电路图的电气布置图

3．利用材料组装正反转控制电路并调试运行

4．控制电路不工作的可能的故障及排除方法

5．评价总结

（1）学习评价

项目内容	配分	评分标准		扣分
装前检查	5分	电器元件漏检或错检	每处扣1分	
安装元件	15分	（1）不按布置图安装	扣5分	
		（2）元件安装不牢固	每个扣4分	
		（3）元件安装不整齐、不匀称、不台理	每个扣3分	
		（4）损坏元件	扣5分	
布线	40分	（1）不按电路图接线	扣20分	
		（2）布线不符合要求	每根扣3分	
		（3）接点松动、露铜过长、压绝缘层反圈等	每个扣1分	
		（4）损伤导线绝缘层或线芯	每根扣5分	
		（5）编码套管套装不正确	每处扣1分	
		（6）漏接接地线	扣10分	

通电试车	40 分	（1）熔体规格选用不当 扣 10 分 （2）第一次试车不成功 扣 20 分 （3）第二次试车不成功 扣 30 分 （4）第三次试车不成功 扣 40 分			
安全文明生产	违反安全文明生产规程 扣 5~40 分				
定额时间	2.5h，每超时 5min（不足 5min 以 5min 计） 扣 5 分				
备注	除定额时间外，各项目的最高扣分不应超过配分数			成绩	
开始时间		结束时间		实际时间	

（2）自我评价

序号	任　　务	评　价　等　级			
		不会	基本会	会	很熟练
1	写出上图倒顺开关正反正控制电路的工作原理				
2	依据电路图写出该电路图的电气布置图				
3	利用材料组装正反转控制电路并调试运行				
4	控制电路不工作的可能的故障及排除方法				

（3）教师总评

【工单二】拆起重机

【任务目标】

- 正确地拆装起重机
- 掌握起重机的工作原理
- 正确的地分解组装起重机

【实施器材】（以桥式起重机为主）

起重机一台、实验台、常用工具、万用表等、安装手册。

1．起重机的结构认知

根据图示写出起重机的部件名称。

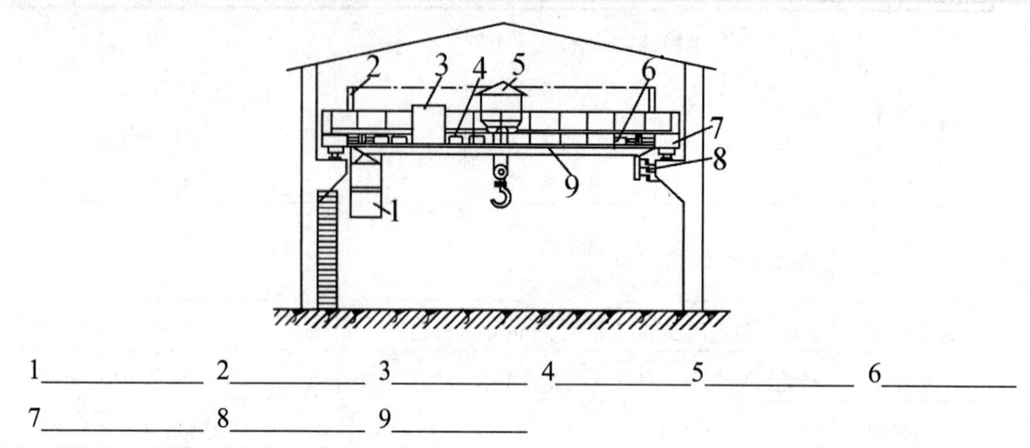

1__________ 2__________ 3__________ 4__________ 5__________ 6__________

7__________ 8__________ 9__________

2．写出起重机拆装的主要流程

3．起重机的分解与组装

（1）写出分解步骤

①

②

③

④

⑤

⑥

⑦

（2）分解后试写出以下部件的作用及工作原理

①起重小车

②吊钩

③制动器

④卷筒

4. 评价总结

（1）学习评价

<table>
<tr><th rowspan="2">组别</th><th colspan="3">操作流程</th><th colspan="3">组内分工</th></tr>
<tr><th>不清晰</th><th>较清晰</th><th>很清晰</th><th>不明确</th><th>较明确</th><th>很明确</th></tr>
<tr><td></td><td></td><td></td><td></td><td></td><td></td><td></td></tr>
<tr><td></td><td></td><td></td><td></td><td></td><td></td><td></td></tr>
<tr><td></td><td></td><td></td><td></td><td></td><td></td><td></td></tr>
<tr><td></td><td></td><td></td><td></td><td></td><td></td><td></td></tr>
<tr><td></td><td></td><td></td><td></td><td></td><td></td><td></td></tr>
</table>

（2）自我评价

序号	任 务	评 价 等 级			
		不会	基本会	会	很熟练
1	起重机的结构认知				
2	写出起重机拆装的主要流程				
3	起重机分解与组装				

（3）教师总评

任务五 大型通风机降压启动（Y-Δ）控制电路的安装与检修

【学习目标】

- 熟悉通风机的概念、分类和组成；
- 掌握降压启动控制电路的工作原理、接线方法；
- 识别时间继电器等控制电器的型号、结构，掌握其选用及安装方法；
- 掌握安装和操作降压启动控制电路、接线和操作；

一、学习任务描述

2003 年 8 月 29 日 8 点，某矿当班主扇司机赵某巡检时，听见风机声音异常，经检查未发现情况，便立即停 2#风机。停机后，2#稀油站报警，再连续启动，2#稀油泵电动机不能启动。如果你是专业维修人员，请你对该故障进行检测。

二、通风机降压启动（Y-Δ）控制电路

（一）通风机的作用

通风机的工作原理与透平压缩机基本相同，只是由于气体流速较低、压力变化不大，一般不需要考虑气体比容的变化，即把气体作为不可压缩流体处理。

通风机与风机的关系：风机是我国对气体压缩和气体输送机械的习惯简称，通常所说的风机包括通风机、鼓风机、压缩机以及罗茨鼓风机，但是不包括活塞压缩机等容积式鼓风机和压缩机。通风机是风机的一种产品类型，但人们通常把通风机简叫为风机，即通风机是风机的另外一种叫法。风机有机壳、转子、定子、轴承、密封、润滑冷却等装置组成。转子上包括主轴、叶轮、联轴器、轴套、平衡盘组成；定子上包括隔板、密封、进气室。

（二）通风机的分类

（1）按气体流动方向的不同，通风机主要分为离心式、轴流式、斜流式和横流式等。离心通风机（如图 5-1 所示）的动力机（主要是电动机）驱动叶轮在蜗形机壳内旋转，

使空气经吸气口从叶轮中心处吸入。由于叶片对气体的动力作用，气体压力和速度得以提高。气体在离心力作用下沿着叶道甩向机壳，从排气口排出。气体在叶轮内的流动主要是在径向平面内，故又称径流通风机。

轴流通风机（如图 5-2 所示）的动力机驱动叶轮在圆筒形机壳内旋转时，气体从集流器进入，通过叶轮获得能量，提高压力和速度，然后沿轴向排出。

图 5-1　离心通风机

图 5-2　轴流通风机

斜流通风机又称混流通风机，如图 5-3 所示。在这类通风机中，气体以与轴线成某一角度的方向进入叶轮，在叶道中获得能量，并沿倾斜方向流出。

横流通风机（如图 5-4 所示）是具有前向多翼叶轮的小型高压离心通风机。气体从转子外缘的一侧进入叶轮，然后穿过叶轮内部从另一侧排出，气体在叶轮内两次受到叶片的力的作用。

图 5-3　斜流通风机

图 5-4　横流通风机

2．按压力分类

（1）低压离心通风机：风机进口为标准大气条件，通风机全压 $P_{tF}\leqslant 1$kPa 的离心通风机。

（2）中压离心通风机：风机进口为标准大气条件，通风机全压为 1kPa$<P_{tF}<$3kPa 的离心通风机。

（3）高压离心通风机：风机进口为标准大气条件，通风机全压为 3kPa$<P_{tF}<$15kPa 的离心通风机。

（4）低压轴流通风机：风机进口为标准大气条件，通风机全压为 $P_{tF}\leqslant 0.5$kPa 的轴流通风机。

（5）高压轴流通风机：风机进口为标准大气条件，通风机全压为 0.5kPa$<P_{tF}<$15kPa

的轴流通风机。

3．按比例大小分类

比转速是指要达到单位流量和压力所需的转速。

（1）低比转速通风机（n_s=11~30）。

（2）中比转速通风机（n_s =30~60）。

（3）高比转速通风机（n_s =60~81）。

4．按用途分类

按通风机的用途分类，可分为引风机、纺织风机、消防排烟风机等。通风机的用途一般以汉语拼音字头代表。

（三）电动机 Y-Δ 形降压启动控制电路

所谓的电动机 Y-Δ 形降压启动，是指电动机启动时，把定子绕组接成 Y 形，以降低启动电压，限制启动电流。当电动机的转速接近额定转速时在换成△接法运行的控制方法。

Y-△形降压启动控制电路原理图如图 5-5 所示。该电路主要由 3 个接触器、1 个时间继电器组成。接触器 KM 作引入电源用，接触器 KM_Y 和 $KM_\triangle$分别作 Y 形降压启动和 Δ 形全压运行用，时间继电器 KT 用作控制 Y 形降压启动时间和完成 Y-Δ 形自动切换。

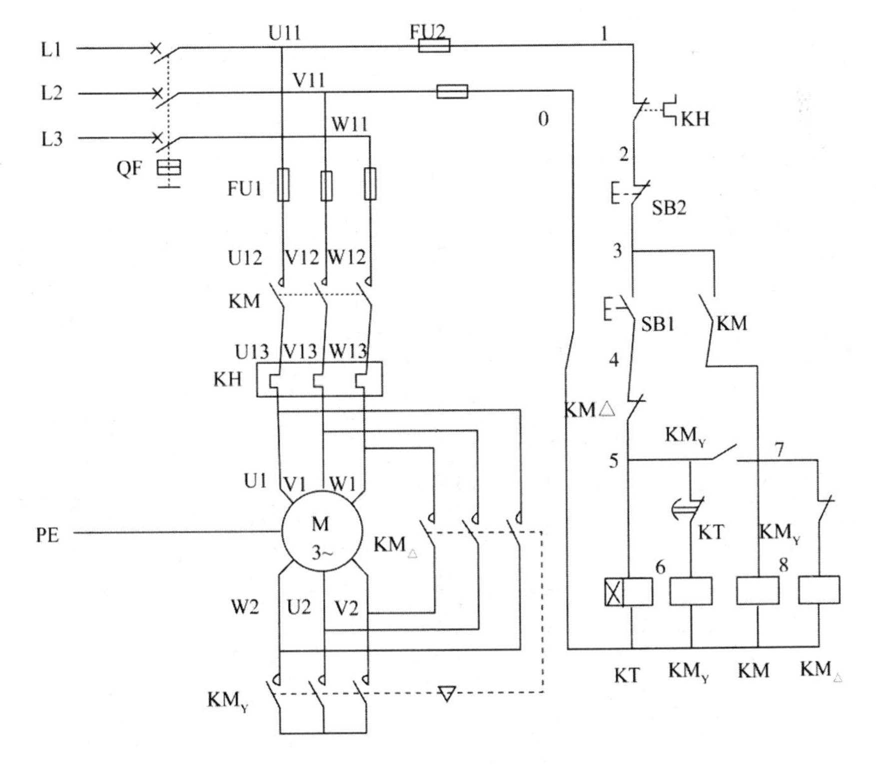

图 5-5　Y-Δ 形降压启动控制电路原理图

电路工作原理分析如下：

（1）合上电源开关 QF

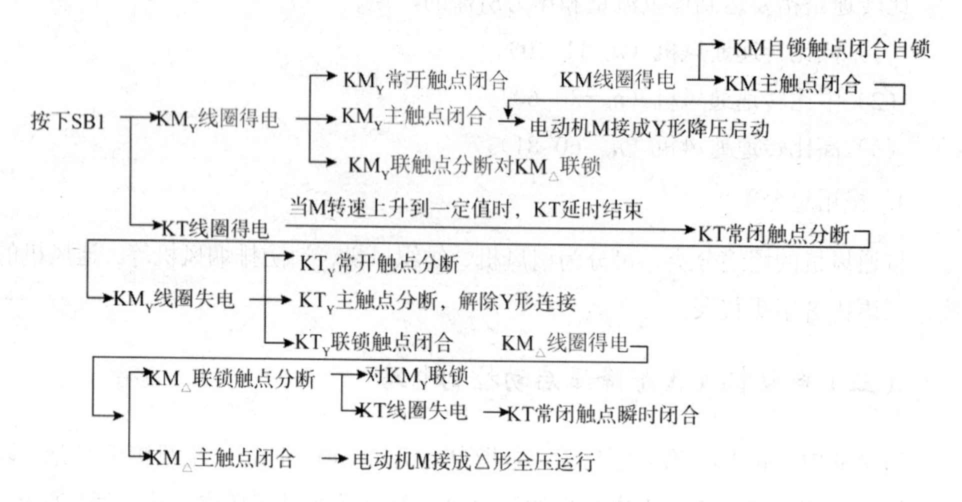

（2）停止时，按下 SB2 即可实现。

（四）安装布置图与接线步骤方法

1．准备元器件和材料

根据电动机的规格选择工具、仪表盒器材，并进行质量检验，如表 5-1 所示。

表 5-1　电动机的质量检验

工具	验电器、螺钉旋具、尖嘴钳、斜口钳、剥线钳、电工刀等电工常用工具				
仪表	ZC25-3 型绝缘电阻表（500V）、MC3-1 型钳形电流表、MF47 型万用表				
器材	代号	名称	型号	规格	数量
	M	三相笼型异步电动机	Y132M-4	4kW、380V、8.8A、Δ 联结、1440r/min	1
	QS	组合开关	HZ2-60/3	380V、25A	1
	FU1	螺旋式熔断器	RL1-60/25	380V、60A、配熔体 25A	3
	FU2	螺旋式熔断器	RL1-15/2	380V、15A、配熔体 2A	2
	KM	交流接触器	CJT1-20	20A、线圈电压 380V	3
	SB	按钮	LA4-2H	保护式、按钮数 2	1
	XT	端子板	TD-AZ1	660V、20A	1
	KT	时间继电器	JS1-7	380V、5A	1
		控制板		500mm×400mm×20mm	1
		主电路塑铜线		BV 1.5mm^2 和 BVR 1.5mm^2	若干
		控制电路塑铜线		BV 1.0mm^2	若干

		按钮塑铜线		BVR 0.75mm^2	若干
		接地塑铜线		BVR 1.5mm^2（黄绿双色）	若干
		木螺钉		5mm×30mm	若干
质检要求	①根据电动机规格检验选择的工具、仪表、器材等是否满足要求 ②电器元件外观应完整无损，附件、备件齐全 ③用万用表、绝缘电阻表检测电器元件及电动机的技术数据是否符合要求				

2．接线前的准备工作

（1）电器元件（接触器、熔断器、热继电器、电动机、按钮、时间继电器）的选择；

（2）绘制电动机 Y-Δ 降压启动控制电器元件布置图和接线图，如图 5-6 所示；

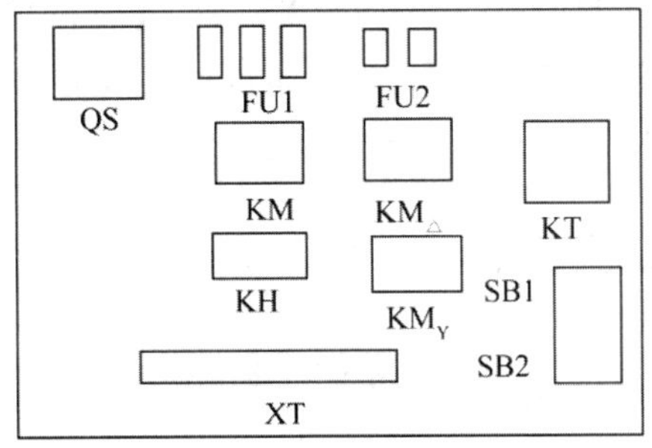

图 5-6　安装布置图

（3）在网板上布置电器元件。

3．布线

按原理图用软线布线实现电动机的 Y-Δ 降压启动控制。主回路的接线比较复杂，可按接线图进行接线，其接线步骤如下：

（1）用万用表判别电动机每个绕组的两个端子，可设为：U1、U2，V1、V2 和 W1、W2。

（2）按图 5-7 接线图将电动机的六条引线分别接到 KM2（将电动机接成 Δ）的主触头上。

（3）从 W1、V1、U1 分别引出一条线，再将这三条线小分相序地接到 KM3（将电动机接成 Y 型）主触头的三条进线处，KM3 主触头的三条出线短接在一起。图 3.8KM3KM2KM1。

（4）从 V2、U2、W2 分别引出一条线，冉将这 3 条线小分相序地接到 KH 的三条出线处，再将主电路的其他线按图 5-7 进行连接。

（5）主电路接好后，可用万用表的 $R\times100$ 挡分别测 KMΔ 的 3 个主触头对应的进出线处的电阻。若电阻为无穷大，则正确；若其电阻不为无穷大（而为电动机绕组的电阻值），则三角形的接线有错误。

（6）按图 5-5 将控制电路接好。

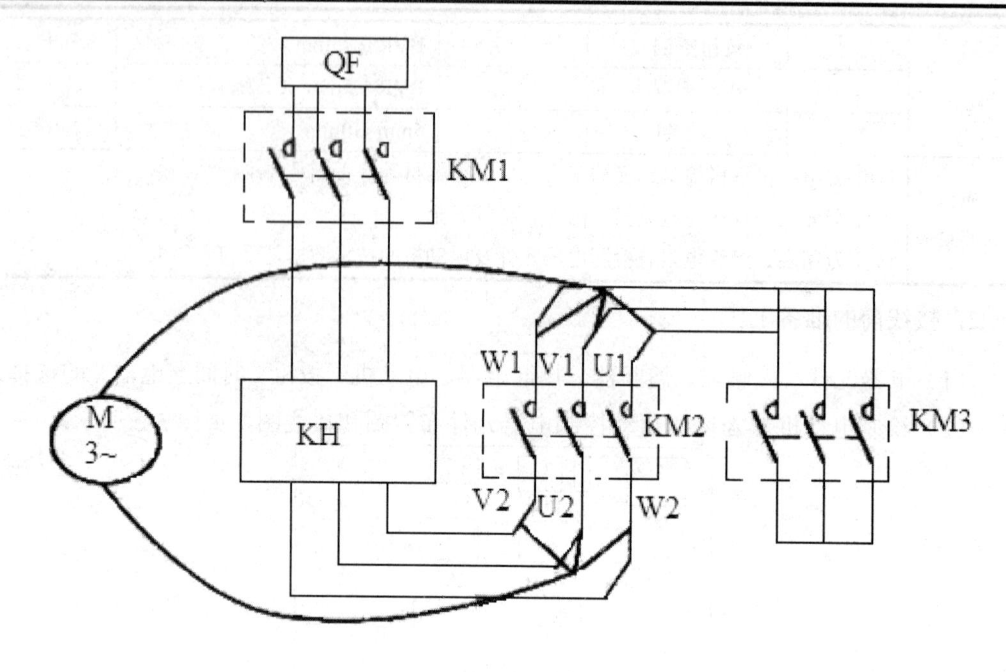

图 5-7　接线图

（五）检查电路方法

1．主电路的检查

（1）表笔放在 l-2 处，同时按 KM1 和 KM3，读数应为电动机两绕组的串联电阻值；

（2）表笔放在 1-2 处，同时按 KM1 和 KM2，读数应小于电动机一个绕组的电阻值；

（3）表笔放在 l-3 处或 2-3 处，分别用上述方法检查；

（4）测量接触器 KM2 的三对上下触头，应该为无穷大的电阻值，电动机接线才正确。

2．控制回路的检查

将万用表打到 $R\times10$ 或 $R\times100$ 挡，或数字万用表的 2kΩ 挡；如没有说明，则控制电路检查时，万用表挡位均置于该位置。

（1）未按任何按钮时，读数应为无穷大。

（2）按下 SB2，读数应为 KT、KM1 线圈与 KM3 线圈的并联电阻值，再同时按下 SB1，则读数变为无穷大。

三、制定维修计划

在学习任务描述的案例中，根据故障反映出来的实际情况来判断故障所在并制定维修计划，分析风机电动机机不能启动的故障原因，最终确定故障诊断方案，同时准备好风机维修时要用到的工具和材料。如果维修技师对该风机故障的相关维修知识欠缺，可以通过

咨询维修主管或者查阅相关资料进行学习。

（一）通风机不能启动的故障原因

1．不能启动，开关跳闸原因

（1）风机叶轮反方向旋转；

（2）风机开关容量变小，或热保护器整定值过小不合理；

（3）风机的启动电流过大，对大功率容量风机建议降压启动；

（4）风机负载过大（尤其是离心风机）；

（5）双速风机控制箱高低速编号与实际不一致；

2．能启动，声音异常，运行一段时间后开关跳闸

（1）风机进线接触不良或同相位等引起缺相；

（2）风机接线不可靠，运行一段时间后因接处发热断线；

（3）风机电机接线错误；将 Y 接法接成Δ接法。

（4）双速风机电机高低速接线连接错误；

（5）双速风机控制箱高低速编号与实际不一致；

3．超电流，电机温升过高

（1）风机负载过大（尤其是离心风机）；

（2）风机电机接线错误；将 Y 接法接成Δ接法。

（3）控制箱未按Δ/YY（或 Y/YY）原理设计、生产引起原理错误；

（4）风机输送气体密度过大

（5）风机转速不匹配，过高。

4．故障诊断与排除方法

通风机均可长期连续运行，一般不需要进行经常维修，但每月应对叶轮进行一次外部清洁和检查，每半年对各大部件全部拆卸清理和检查。

备用通风机应该京城保持完好的技术状态，每 1~3 个月进行一次轮换运行，最长不超过半年。轮换超过 1 个月的备用通风机应每月空运转 1 次，每次不少于 1h，以保证通风机正常完好，使其可以在 10min 内投入运行。

（1）叶轮的检修。注意叶轮进口密封环与外壳进风圈有无摩擦痕迹，若在组装后该处叶轮发生严重磨损，则说明此处有故障。

（2）轴的检修。检查轴的弯曲度，尤其是对机组运行振动过大及叶轮的之间的配合是否超过允许值，若安装后出现皮跑偏、晃动等现象，则说明该轴处有故障。

（二）降压启动控制电路的故障与检修

（1）电路上电后，按下启动按钮，KT、KMY 不得电。

【原因分析】进 KM2 主触头线没有接牢。

（2）电路上电后，按下启动按钮，KT、KMY 吸合，但 Y-Δ 转化不成功。

【原因分析】复合按钮 SB3 常闭进线接线不牢。

（3）电路上电后，按下启动按钮，Y-Δ 转化成功，但电机不转。

【原因分析】KT2 线圈断（损坏）。

（4）电阻分段测量法 a（如表 5-2 所示）电路图，如图 5-8 所示。

表 5-2　电阻分段测量法 a

故障现象	测量点	电阻值	故障点
按下 SB1，KM 不吸合	1-2	8	KH 常闭触头接触不良
	2-3	8	SB2 常闭触头接触不良
	3-4	8	SB1 常闭触头接触不良
	4-0	8	KM 线圈接触不良或出现断路

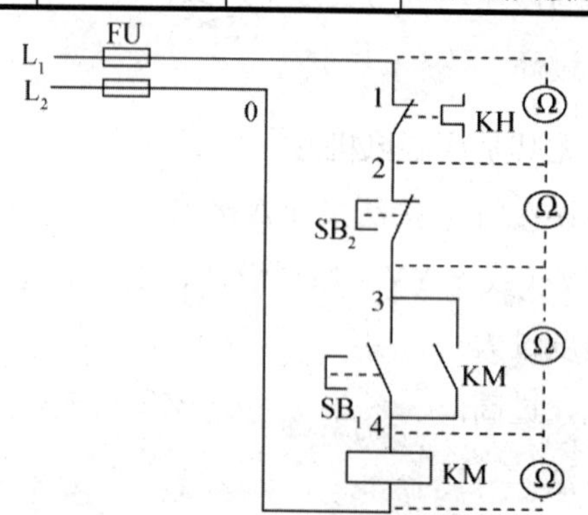

图 5-8　电阻分段测量法 a

（5）电阻分段测量法 b（如表 5-3 所示）电路图，如图 5-9 所示。

表 5-3　电阻分段测量法 b

故障现象	测量点	1-2	1-3	1-4	1-0	故障点
按下 SB1，KM 不吸合	电阻值	∞			∞	KH 常闭触头接触不良
		0	∞	∞	∞	SB2 常闭触头接触不良
		0	0	0	∞	SB1 常闭触头接触不良
		0	0		∞	KM 线圈接触不良或出现断路

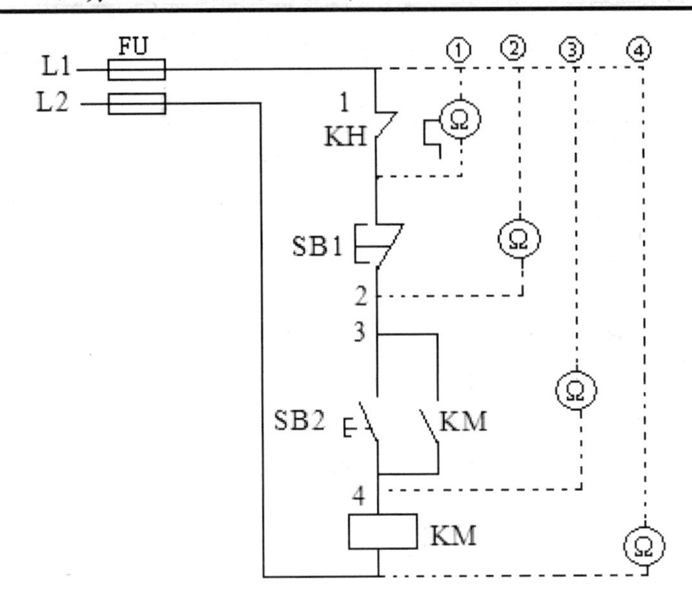

图 5-9　电阻分段测量法 b

四、实施维修作业

在实施维修作业的过程中，维修技师可以按照自己拟定的诊断流程对启动机无法启动的故障进行检测，逐一排查，通过启动系统各元件及其控制电路进行检测，最终找到故障部位并对其进行维修或更换。其检修项目主要包括叶轮的检查与更换、齿轮箱的检查与更换、发电机的检查与更换等。

五、任务工作单

【工单】时间继电器自动控制降压启动控制系统电路

【任务目标】

- 掌握降压启动统电路的控制原理
- 掌握降压启动控制电路
- 排除风机启动系统电路的故障

【实施器材】

实验台、启动机、开关、导线、万用表、断路器、低压熔断器、热继电器、接触器、时间继电器、电工通用工具、维修手册等。

1．写出图中主电路的控制过程（时间继电器自动控制的 Y-Δ 降压启动线路原理图）

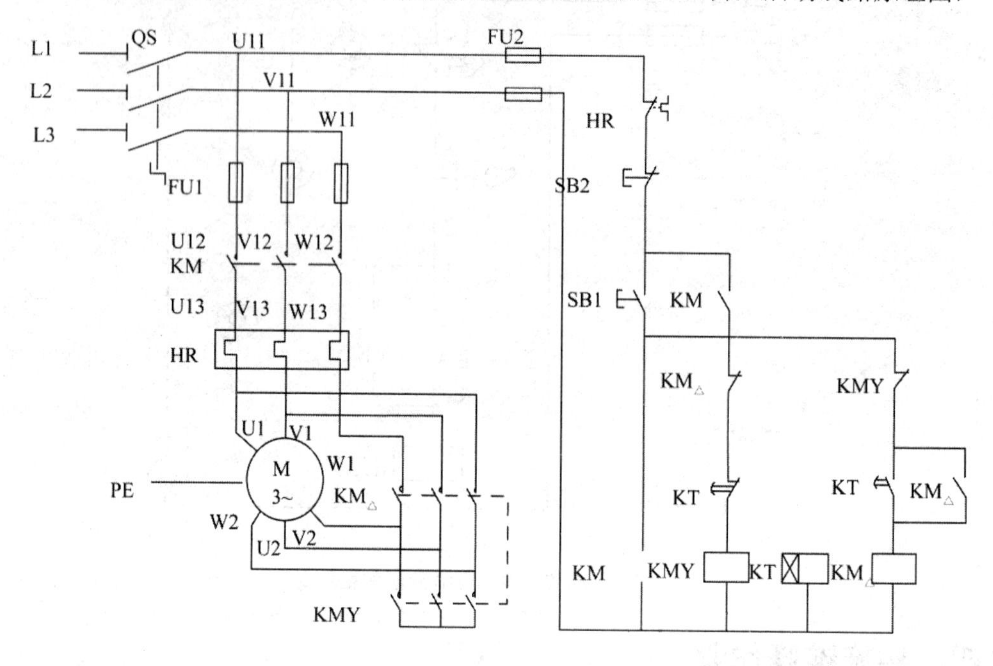

2．写出图中电路全压运行的工作原理

3．写出控制电路的布置图并利用材料组装

4．控制电路可能出现的故障及排除方法

5．评价总结

（1）学习评价

<table>
<tr><th>项目内容</th><th>配分</th><th colspan="4">评分标准</th><th>扣分</th></tr>
<tr><td>补画线路</td><td>20 分</td><td colspan="4">（1）补画不正确　每个扣 2 分
（2）电路编号标注不正确　每个扣 1 分</td><td></td></tr>
<tr><td>自编安装步骤和工艺要求</td><td>15 分</td><td colspan="4">安装步骤和工艺要求不合理、不完善　扣 5~10 分</td><td></td></tr>
<tr><td>装前检查</td><td>10 分</td><td colspan="4">（1）电动机质量检查　每漏一处扣 3 分
（2）电器元件漏检或错检　每处扣 1 分</td><td></td></tr>
<tr><td>安装元件</td><td>15 分</td><td colspan="4">（1）元件布置不整齐、不匀称、不合理　每个扣 2 分
（2）元件安装不紧固　每个扣 3 分
（3）安装元件时漏装木螺钉　每个扣 1 分
（4）走线槽安装不符合要求　每处扣 1 分
（5）损坏元件　扣 15 分</td><td></td></tr>
<tr><td>布线</td><td>20 分</td><td colspan="4">（1）不按电路图接线　扣 15 分
（2）布线不符合要求　每根扣 3 分
（3）接点松动、露铜过长、压绝缘层，反圈等　每个扣 1 分
（4）损伤导线绝缘层或线芯　每根扣 5 分
（5）漏套或错套编码套管　每处扣 2 分
（6）漏接接地线　扣 10 分</td><td></td></tr>
<tr><td>通电试车</td><td>20 分</td><td colspan="4">（1）整定值束整定或整定错误　每只扣 5 分
（2）熔体规格配错　扣 5 分
（3）第一次试车不成功　扣 10 分
（4）第二次试车不成功　扣 15 分
（5）第三次试车不成功　扣 20 分</td><td></td></tr>
<tr><td>安全文明生产</td><td colspan="5">（1）违反安全文明生产规程　扣 5~25 分
（2）乱线敷设　扣 10 分</td><td></td></tr>
<tr><td>定额时间</td><td colspan="5">3h，每超时 5 min（不足 5 min 以 5 min 计）　扣 5 分</td><td></td></tr>
<tr><td>备注</td><td colspan="4">除定额时间外，各项目的最高扣分不应超过配分数</td><td>成绩</td><td></td></tr>
<tr><td>开始时间</td><td></td><td>结束时间</td><td></td><td colspan="2">实际时间</td><td></td></tr>
</table>

（2）自我评价

序号	任　务	评　价　等　级			
		不会	基本会	会	很熟练
1	写出图中主电路的控制过程				
2	写出图中电路全压运行的工作原理				
3	写出控制电路的布置图并利用材料组装				
4	控制电路可能出现的故障及排除方法				

（3）教师总评

任务六　起重机断电电磁制动控制电路的安装与检修

【学习目标】

- 掌握起重机的制动分类、及控制原理;
- 掌握电动机制动控制的工作过程、控制原理和主要用途;
- 识别和选择元器件，按图样、工艺要求要求，安装元器件、连接电路;
- 用仪器表检测电路安装的正确性，按照安全操作规程正确通电试运行。

一、学习任务描述

1988 年 4 月 18 日 10 时 15 分，云岗矿主井北部提升机在正常提煤作业，1#箕斗减速终了，二次给电没给上，电动机不能立即制动，箕斗不能进入爬行段运行，且开始反向下溜，司机发现后即采取工作制动及紧急制动措施，均不能闸住滚筒。如果你是专业维修人员，请你对该事故进行诊断与维修。

二、电动机制动控制电路

所谓制动，就是给电动机施加一个与转动方向相反的转矩使它迅速停转（或限制其转速）。制动的方法一般有两类：机械制动和电力制动。

利用机械装置使电动机断开电源后迅速停转的方法叫做机械制动。机械制动常用的方法有电磁制动器制动和电磁离合器制动（本文仅涉及电磁制动器制动）。而使电动机在切断电源停转的过程中，产生一个和电动机实际旋转方向相反的电磁力矩（制动力矩），迫使电动机迅速制动停转的方法叫做电力制动。电力制动常用的方法有：反接制动、能耗制动、电容制动和再生发电制动等。

（一）机械制动

1．电磁制动器

图 6-1 所示为常用的 MZD1 系列交流单相制动电磁铁与 TJ2 系列闸瓦制动器的外形，

它们配合使用共同组成电磁制动器。电磁制动器的结构和符号如图 6-2 所示。

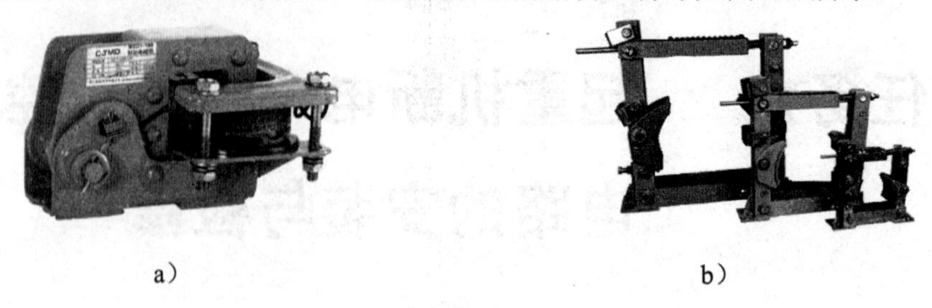

a) b)

图 6-1 制动电磁铁与闸瓦制动器

a）MZD1 系列交流单相制动电磁铁；b）TJ2 系列闸瓦制动器

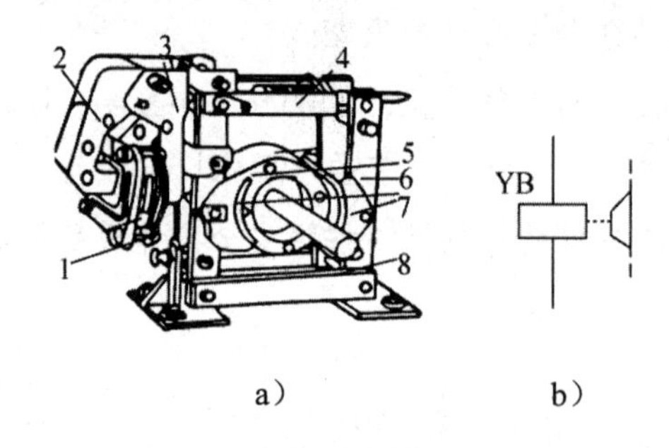

a) b)

图 6-2 电磁制动器的结构和符号

a）结构；b）符号

1-线圈；2-衔铁；3-铁心；4-弹簧；5-闸轮；6-杠杆；7-闸瓦；8-轴

电磁铁和制动器的型号及其含义如下：

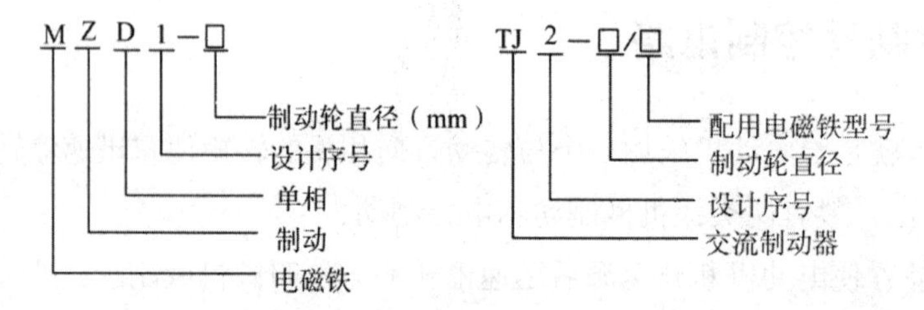

制动电磁铁由铁心、衔铁和线圈三部分组成。闸瓦制动器包括闸轮、闸瓦、杠杆和弹簧等部分。电磁制动器分为断电制动型和通电制动型两种。断电制动型的工作原理如下：当制动电磁铁的线圈得电时，制动器的闸瓦与闸轮分开，无制动作用；当线圈失电时，制动器的闸瓦紧紧抱住闸轮制动。

通电制动型的工作原理如下：当制动电磁铁的线圈得电时，闸瓦紧紧抱住闸轮制动；当线圈失电时，制动器的闸瓦与闸轮分开，无制动作用。

2．电磁制动器断电制动控制电路

电磁制动器断电制动控制电路如图 6-3 所示。

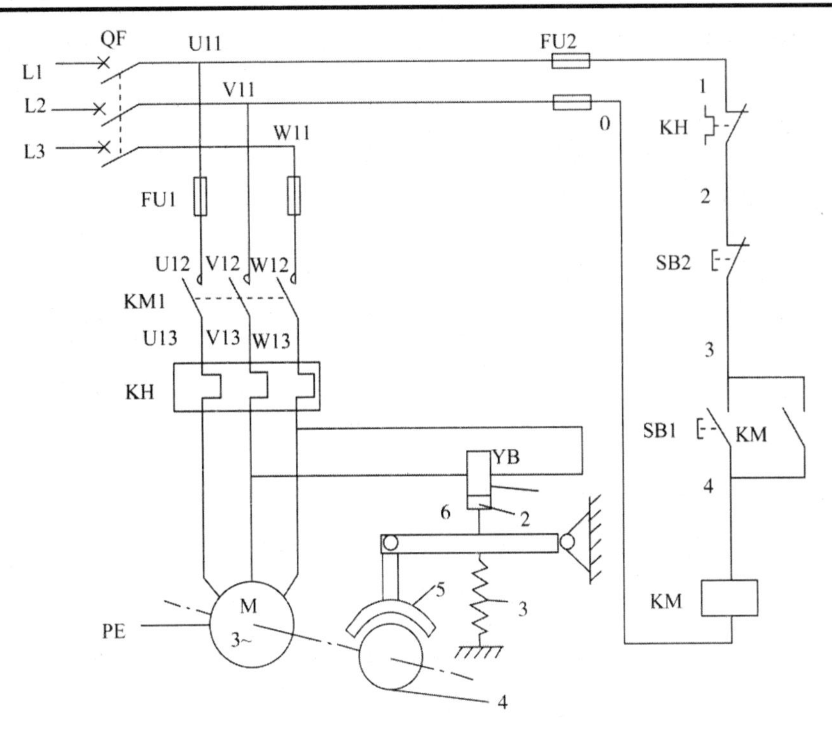

图 6-3　电磁抱闸制动器断电制动控制电路

1-线圈；2-衔铁；3-弹簧；4-闸轮；5-闸瓦；6-杠杆

电磁制动器断电制动控制电路工作原理如下：

（1）启动运行，先合上电源开关 QF，按下启动按钮 SBI，接触器 KM 线圈得电，自锁触头和主触头闭合，电动机 M 接通电源，同时电磁制动器 YB 线圈得电，衔铁与铁芯吸合，衔铁克服弹簧拉力，迫使制动杠杆向上移动，从而使制动器的闸瓦与闸轮分开，电动机正常运行。

（2）制动停转按下停止按钮 SB2，接触器 KM 线圈失电，自锁触头和主触头分断，电动机 M 失电，同时电磁制动器 YB 线圈也失电，衔铁与铁芯分开，在弹簧拉力的作用下，制动器的闸瓦紧紧抱住闸轮，使电动机被迅速制动而停转。

电磁制动器断电制动在起重机械上被广泛应用。其优点是能够准确定位，同时可防止电动机突然断电时，重物自行坠落；缺点是不经济，因为电磁制动器线圈耗电时间与电动机一样长。另外，由于电磁制动器在切断电源后的制动作用，使手动调整工件很困难。因此，对要求电动机制动后能调整工件位置的机床设备，可采用通电制动控制电路。

3．电磁制动器通电制动控制电路

电磁制动器通电制动控制电路如图 6-4 所示。这种通电制动与上述断电制动方法稍有不同。当电动机得电运行时，电磁制动器线圈断电，闸瓦与闸轮分开，无制动作用；当电动机失电需停转时，电磁制动器的线圈得电，使闸瓦紧紧抱住闸轮制动；当电动机处于停转常态时，线圈也无电，闸瓦与闸轮分开，这样操作人员可以用手扳动主轴调整工件、对刀等。

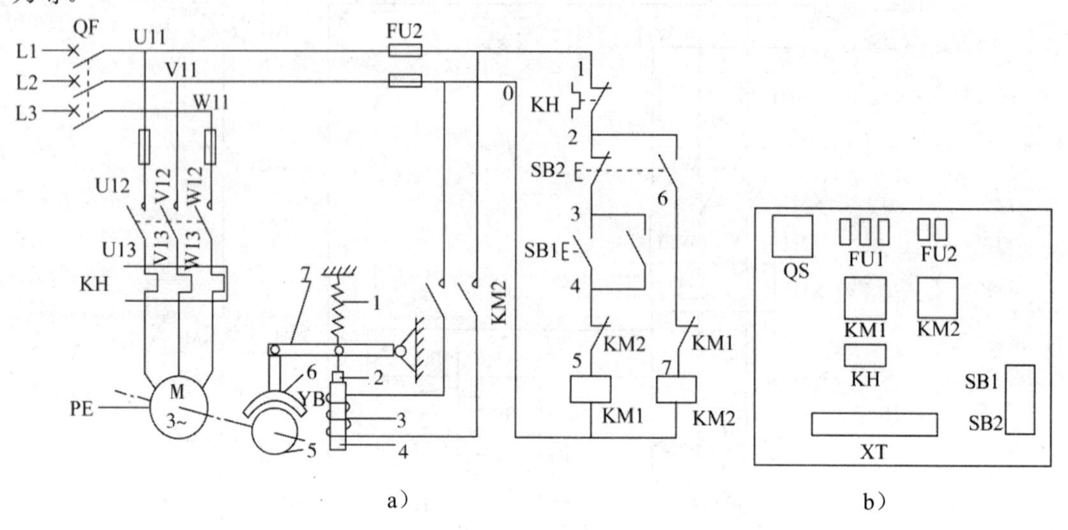

图 6-4　电磁制动器通电制动控制电路

a）原理图；b）布置图

1-弹簧；2-衔铁；3-线圈；4-铁心；5-闸轮；6-闸瓦；7-杠杆

（二）元器件安装工艺要求

1．准备元器件和材料

根据电动机的规格选择工具、仪表盒器材，并进行质量检验，如表 6-1 所示。

表 6-1　电动机的质量检验

工具	验电器、螺钉旋具、尖嘴钳、斜口钳、剥线钳、电工刀等电工常用工具				
仪表	ZC25-3 型绝缘电阻表（500V）、MC3-l 型钳形电流表、MF47 型万用表				
器材	代号	名称	型号	规格	数量
	M	三相笼型异步电动机	Y132M-4	4kW、380V、8.8A、Δ 联结、1440r/min	1
	QS	组合开关	HZ2-60/3	380V、25A	1
	FU1	螺旋式熔断器	RL1-60/25	380V、60A、配熔体 25A	3
	FU2	螺旋式熔断器	RL1-15/2	380V、15A、配熔体 2A	2
	KM1KM2	交流接触器	CJT1-20	20A、线圈电压 380V	2
	SB	按钮	LA4-2H	保护式、按钮数 2	1
	XT	端子板	TD-AZ1	660V、20A	1
	YB	电磁线圈		380V、5A	1

	控制板		500mm×400mm×20mm	1
	主电路塑铜线		BV 1.5mm^{2}和BVR 1.5mm^2	若干
	控制电路塑铜线		BV 1.0mm^2	若干
	按钮塑铜线		BVR 0.75mm^2	若干
	接地塑铜+线		BVR 1.5mm^2（黄绿双色）	若干
	木螺钉		5mm×30mm	若干
质检要求	①根据电动机规格检验选择的工具、仪表、器材等是否满足要求 ②电器元件外观应完整无损，附件、备件齐全 ③用万用表、绝缘电阻表检测电器元件及电动机的技术数据是否符合要求			

2．安装工艺要求

（1）按照电气布置图在控制板上安装电器，断路器、熔断器的受电端子应安装在控制板的外侧，并确保熔断器的受电端为底座的中心端。

（2）各元器件的安装位置应整齐、匀称、间距合理，便于元器件的更换。

（3）紧固各元器件时，用力要均匀，紧固程度要适当。在紧固熔断器、接触器等易碎元器件时，应该用手按住元器件一边轻轻摇动，一边用螺钉旋具轮换旋紧对角线上的螺钉，直到手摇不动时，再适当旋紧一些。

（4）板前明线布线工艺要求：

1）布线通道要尽可能少，同路并行导线按主电路、控制电路分类集中、单层密排、紧贴安装板布线。

2）同一平面的导线应高低一致或前后一致，不能交叉。非交叉不可时，该导线应在接线端子引出时水平架空跨越，并且必须布线合理。

3）布线应横平竖直，分布均匀。变换走向时应垂直转向。

4）布线时严禁损伤线芯和导线绝缘层。

5）布线顺序一般以接触器为中心，按照由里向外、由低至高、先控制电路、后主电路的顺序进行，以不妨碍后续布线为原则。

6）在每根剥去绝缘层导线的两端套上编码套管。所有从一个接线端子（或接线桩）到另一个接线端子（或接线桩）的导线必须连续，中间无接头。

7）导线与接线端子或接线桩连接时，不得压绝缘层、不反圈及不露铜过长。同一元器件、同一回路的不同连接点的导线间距离应保持一致。

8）一个元器件接线端子上的连接导线不得多于两根，每节接线端子板上的连接导线一般只允许连接一根。

3．技术规范

（1）能够按照电气原理图独立完成电路的连接并通电试运行成功。

（2）在安装元器件及连接电路过程中保证元器件完好无损，

（3）能够按照电动机相关标准完成对热继电器的整定。

（4）正确安装熔断器的熔体。

（5）整个电路不能出现诸如连接点松动、线芯裸露过长、压绝缘层、连接点反圈（或未半圈）等现象。

（6）保证导线线芯的良好及保护导线的绝缘层，

（7）保证完成施工后接地线的安装。

（8）三条及多条导线的连接点、交叉处要处理完好。

（9）保证工艺水平及布线合理性。主要是指横平、竖直以及是否架空（主电路可以架空，控制电路不能架空），交叉应尽量少，整齐美观等。

4．安全要求

（1）按电路图或接线圈从电源端开始，逐段核对接线及接线端子处线号是否正确、有无漏接或错接之处。检查导线连接点是否符合要求、压线是否牢固。同时注意连接点接触应良好，以避免带负载运行时产生闪弧现象。

（2）用万用表检查电路的通断情况。检查时，应选用倍率适当的电阻挡，并进行校零，以防发生短路故障。

（3）对控制电路的检查（断开主电路），可将表笔分别搭在V21、W21线端上，读数应为“∞”。按下启动按钮时，读数应为接触器线圈的直流电阻值；然后，断开控制电路，再检查主电路有无开路或短路现象，此时，可以用手动来代替接触器通电进行检查。

（4）通电试运行工艺要求如下：

1）为保证人身安全，在通电校验时，要认真执行安全操作规程的有关规定，一人监护，一人操作。校验前，应检查与通电校验有关的电气设备是否有不安全的因素存在，一经查出应立即整改，然后方能试运行。

2）通电试运行前，必须征得老师的同意，并由指导老师接通三相电源 L1、L2、L3，同时在现场监护。

3）如出现故障时，学生应独立进行检修。若需带电检查时，老师必须在现场监护。检修完毕后，如需要再次试运行，老师也应该在现场监护，并做好时间记录。

4）通电校验完毕，切断电源。

5．故障检修

利用电工工具和仪表对电路进行带电或断电测量，常用的方法有电压测量法和电阻测量法。具体操作过程可参见学习任务二“学习相关知识”中的相应内容。

分析故障原因可以从电源方面、器件方面和电路方面进行查找。

（三）电力制动

在如图 6-5a 所示的电路中，当 QS 向上合闸时，电动机定子绕组电源电压相序为 L1-L2-L3，电动机将沿旋转磁场方向（如图 6-5b 中顺时针方向），以 $n<n_1$ 的转速正常运行。

图 6-5　反接制动原理

当电动机需要停转时，拉下开关 QS，使电动机脱离电源（此时转子由于惯性仍按原方向旋转）。随后，将开关 QS 迅速向下合闸，由于 L_1、L_2 两相电源线对调，电动机定子绕组电源电压相序变为 L_2-L_1-L_3，旋转磁场反转（如图 6-5b 中的逆时针方向），此时转子将以 n_1+n 的相对转速沿原转动方向切割旋转磁场，在转子绕组中产生感应电流，用右手定则判断出其方向如图 6-5b 所示。而转子绕组一旦产生电流，又受到旋转磁场的作用，产生电磁转矩，其方向可用左手定则判断出来，如图 6-5b 所小。可见，此转矩方向与电动机的转动方向相反，电动机制动迅速停转。

由此可见，反接制动是依靠改变电动机定子绕组的电源相序来产生制动力矩，迫使电动机迅速停转的。

注意：当电动机转速接近零值时，应立即切断电动机电源，否则电动机将反转。在反接制动设施中，为保证电动机的转速被制动到接近零值时。能迅速切断电源，同时防止反向启动，常利用速度继电器来及时切断电源。

（四）能耗制动

1．能耗制动原理

在图 6-6a 所示的电路中，断开电源开关 QS1，切断电动机的交流电源后，这时转子仍沿原方向惯性运行。随后立即合上开关 QS2，并将 QS1 向下合闸，电动机 V、W 两相定子绕组通入直流电，定子中产生一个恒定的静止磁场，这样作惯性运转的转子因切割磁力线而在转子绕组中产生感应电流，其方向用右手定则判断出如图 6-6b 所示。转子绕组中一旦产生了感应电流，立即受到静止磁场的作用，产生电磁转矩，用左手定则判断可知，此转矩的方向正好与电动机的转向相反，使电动机受制动迅速停转。

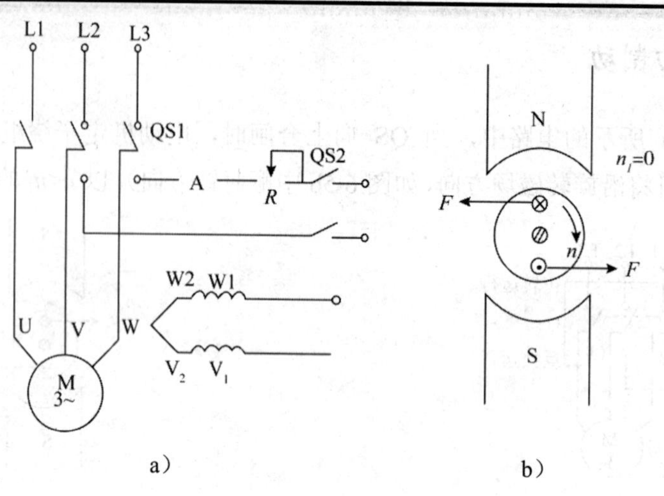

图 6-6　能耗制动原理

由以上分析可知，能耗制动是当电动机切断交流电源后，立即在定子绕组的任意两相中通入直流电，迫使电动机迅速停转的方法。由于这种制动方法是通过在定子绕组中通入直流电，以消耗转子惯性运行的动能来进行制动的，所以称为能耗制动，又称为动能制动。

2．单向启动能耗制动自动控制电路

（1）无变压器单相半波整流单向启动能耗制动自动控制电路如图 6-7 所示，电路采用单相半波整流器作为直流电源，所用附加设备较少、电路简单、成本低，常用于 10kW 以下小功率电动机且对制动要求不高的场合。

图 6-7 中 KT 瞬时闭合常开触头的作用是：当 KT 出现线圈断线或机械卡住等故障时，按下 SB2 后能使电动机制动后脱离直流电源。

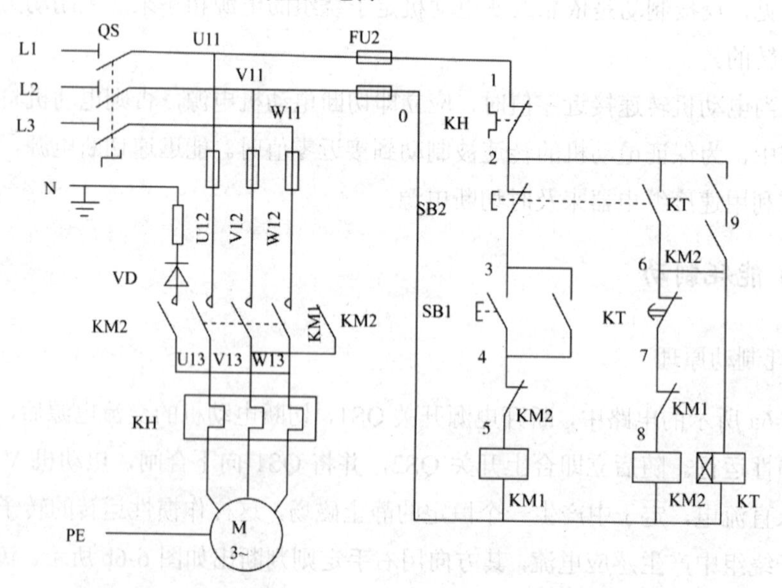

图 6-7　无变压器单相半波整流单向启动能耗制动自动控制电路

（2）有变压器单相桥式整流单向启动能耗制动自动控制电路，如图 6-8 所示。

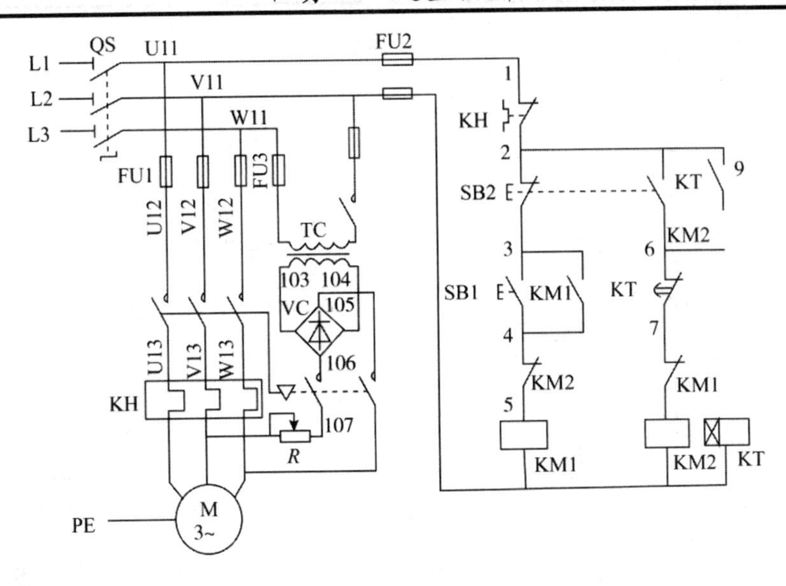

图 6-8 有变压器单相桥式整流单向启动能耗制动自动控制电路

10kW 以上功率的电动机多采用这种电路。其中直流电源由单相桥式整流器 VC 供给，TC 是整流变压器，电阻 R 是用来调节直流电流的，从而调节制动强度，整流变压器一次侧与整流器的直流侧同时进行切换，有利于提高触头的使用寿命。

能耗制动的优点是制动准确、平稳，且能量消耗较小；缺点是需要附加直流电源装置、设备费用较高、制动力较弱、在低速时制动力矩小。因此，能耗制动一般用于要求制动准确、平稳的场合，如磨床、立式铣床等的控制电路中。

（五）电容制动

当电动机切断交流电源后，立即在电动机定子绕组的出线端接入电容器来迫使电动机迅速停转的方法叫做电容制动。

电容制动的原理是：当旋转的电动机断开交流电源时，转子内仍有剩磁。随着转子的惯性转动，形成一个随转子转动的旋转磁场。该磁场切割定子绕组产生感应电动势，并通过电容器回路形成感应电流，这个电流产生的磁场与转子绕组中的感应电流相互作用，产生一个与旋转方向相反的制动力矩，使电动机受制动迅速停转。

电容制动控制电路如图 6-9 所示。电阻 R_1 是调节电阻，用以调节制动力矩的大小，电阻 R_2 为放电电阻。经验证明，电容器的电容，对于 380V、50Hz 的笼型异步电动机，每千瓦每相约需要 150 μF。电容器的耐压应不小于电动机的额定电压。

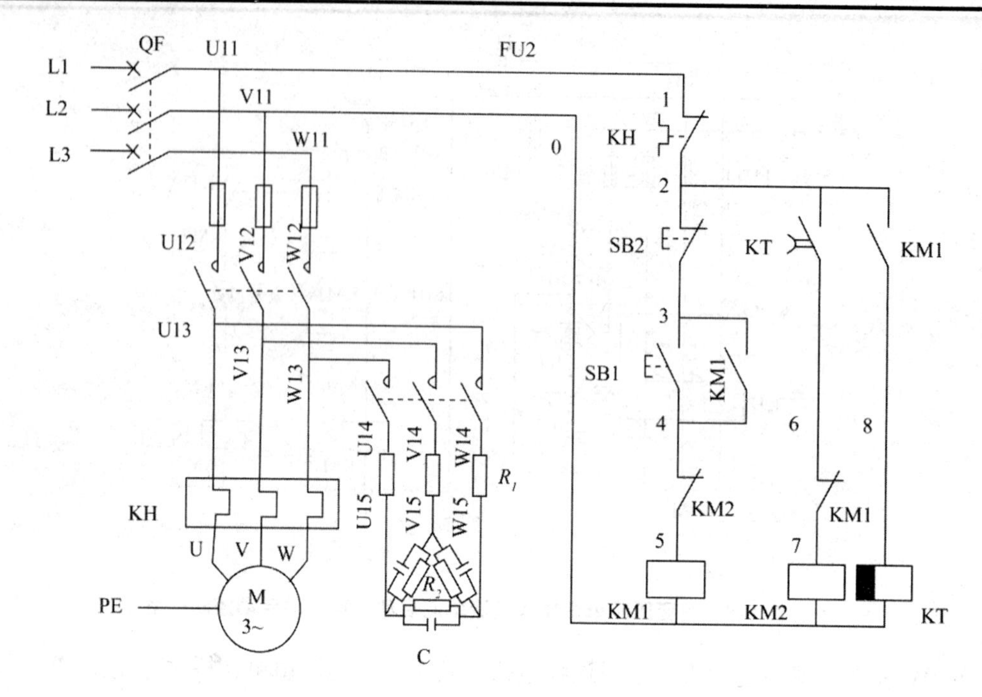

图 6-9　电容制动控制电路

实验证明，对于 5.5kW、△联结的三相异步电动机，无电容制动停车时间为 22s，采用电容制动后其停车时间仅为 1s。对于 5.5kW、Y 联结的三相异步电动机，无电容制动停车时间为 36s，采用电容制动后其停车时间仅为 2s。所以电容制动是一种制动迅速、能量损耗小、设备简单的制动方法，一般用于 10kW 以下的小功率电动机，特别适用于存在机械摩擦与阻尼的生产机械和需要多台电功机同时制动的场合。

（六）再生发电制动

再生发电制动又称回馈制动，主要用在起重机械和多速异步电动机上。下面以起重机械为例说明其制动原理。

当起重机在高处开始下放重物时，电动机转速 n 小于同步转速 n_1，这时电动机处于电动运行状态，其转子电流和电磁转矩的方向如图 6-10a 所示。但由于重力的作用，在重物的下放过程中，会使电动机的转速 n 大于同步转速 n_1，这时电动机处于发电运行状态，转子相对于旋转磁场切割磁力线的运动方向发生了改变（沿顺时针方向），其转子电流和电磁转矩的方向都与电动运行时相反，如图 6-10b 所示。由此可见，电磁力矩变为制动力矩限制了重物的下降速度，保证了设备和人身安全。

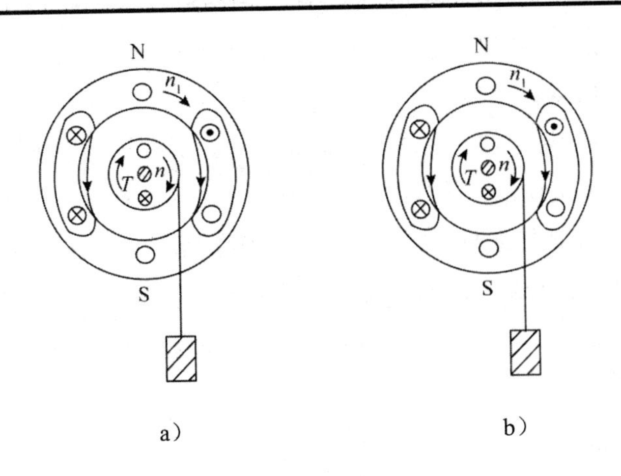

图 6-10　再生发电制动原理

a）电动运行状态；b）发电制动状态

对多速电动机变速时，如果电动机由 2 极变为 4 极，定子旋转磁场的同步转速 n_1 由 3000 r/min 变为 1500r/min，而转子由于惯性仍以原来的转速 n（接近 3000 r/min）旋转，此时 $n>n_1$，电动机处于发电制动状态。

再生发电制动是一种比较经济的制动方法，制动时不需要改变电路即可从电动运行状态自动地转入发电制动状态，把机械能转换成电能，再回馈到电网，节能效果显著；缺点是应用范围较窄，仅当电动机转速大于同步转速时才能实现发电制动。因此，这种制动方式常用于在位能负载作用下的起重机械和多速异步电动机由高速转为低速时的情况。

（七）安装元器件

（1）按照电器布置图在控制板上安装电器，断路器、熔断器的受电端子应安装在控制板的外侧，并确保熔断器的受电端为底座的中心端。

（2）各元器件的安装位置应整齐、匀称、间距合理，便于元器件的更换。

（3）紧固各元器件时，用力要均匀，紧固程度要适当。在紧固熔断器、接触器等易碎元器件时，应该用手按住元器件一边轻轻摇动，一边用螺钉旋具轮换旋紧对角线上的螺钉，直到手摇不动时，再适当旋紧一些。

（4）板前明线布线工艺要求：

1）布线通道要尽可能少，同路并行导线按主电路、控制电路分类集中、单层密排、紧贴安装板布线。

2）同一平面的导线应高低一致或前后一致，不能交叉。非交叉不可时，该导线应在接线端子引出时水平架空跨越，并且必须布线合理。

3）布线应横平竖直，分布均匀。变换走向时应垂直转向。

4）布线时严禁损伤线芯和导线绝缘层。

5）布线顺序一般以接触器为中心，按照由里向外、由低至高、先控制电路、后主电路的顺序进行，以不妨碍后续布线为原则。

6）在每根剥去绝缘层导线的两端套上编码套管。所有从一个接线端子（或接线桩）到另一个接线端子（或接线桩）的导线必须连续，中间无接头。

7）导线与接线端子或接线桩连接时，不得压绝缘层、反圈及露铜过长。同一元器件、同一回路的不同连接点的导线间距离应保持一致。

8）一个元器件接线端子上的连接导线不得多于两根，每节接线端子板七的连接导线一般只允许连接一根。

（八）检查电路方法

（1）按电路图或接线图从电源端开始，逐段核对接线及接线端子处线号是否正确、有无漏接或错接之处。检查导线连接点是否符合要求、压线是否牢同。同时注意连接点接触应良好，以避免带负载运行时产生闪弧现象。

（2）用万用表检查电路的通断情况。检查时，应选用倍率适当的电阻挡，并进行校零，以防发生短路故障。

（3）对控制电路的检查（断开主电路），可将表笔分别搭在 V21、W21 线端上，读数应为“∞”。按下启动按钮时，读数应为接触器线圈的直流电阻值；然后，断开控制电路，再检查主电路有无开路或短路现象，此时，可以用手动来代替接触器通电进行检查。

（4）通电试运行工艺要求如下：

1）为保证人身安全，在通电校验时，要认真执行安全操作规程的有关规定，一人监护，一人操作。校验前，应检查与通电校验有关的电气设备是否有不安全的因素存在，一经查出应立即整改，然后方能试运行。

2）通电试运行前，必须征得老师的同意，并由指导老师接通三相电源 L1、L2、L3，同时在现场监护。

3）如出现故障时，学生应独立进行检修。若需带电检查时，老师必须在现场监护。检修完毕后，如需要再次试运行，老师也应该在现场监护，并做好时间记录。

4）通电校验完毕，切断电源。

三、制定维修计划

在学习任务描述的案例中，根据出现的实际问题作为依据，分析故障原因，并制定维修方案。同时准备好检修时用到的工具和材料。如果维修技师对于维修中的相关知识缺乏了解，可以通过查阅资料和咨询相关部门主管学习，最终解决故障问题。

（一）起重机可能的故障检测及检修

1．电路部分的检测

（1）按电路图或接线图从电源端开始，逐段核对接线及接线端子处线号是否正确、有无漏接或错接之处。检查导线连接点是否符合要求、压线是否牢同。同时注意连接点接触应良好，以避免带负载运行时产生闪弧现象。

（2）用万用表检查电路的通断情况。检查时，应选用倍率适当的电阻挡，并进行校零，以防发生短路故障。

（3）对控制电路的检查（断开主电路），可将表笔分别搭在 V21、W21 线端上，读数应为“∞”。按下启动按钮时，读数应为接触器线圈的直流电阻值；然后，断开控制电路，再检查主电路有无开路或短路现象，此时，可以用手动来代替接触器通电进行检查。

2．故障检修

利用电工工具和仪表对电路进行带电或断电测量，常用的方法有电压测量法和电阻测量法。分析故障原因可以从电源方面、器件方面和电路方面进行查找。

（二）电磁制动控制线路的故障与检修

电磁制动控制线路的故障原因与检修方法如表 6-2 所示。

表 6-2　电磁制动控制线路的故障与检修

现象	故障原因	检修方法
电动机启动后，电磁抱闸制动器闸瓦与闸轮过热。	可能原因：闸瓦与闸轮的间距没有调整好，间距太小，造成闸瓦与闸轮有摩擦	检查闸瓦与闸轮的间距，调整间距后启动电动机段时间后，停车再检查闸瓦与闸轮过热是否消失
电动机断电后不能立即制动。	可能原因：闸瓦与涮轮的间距过大	检查调小闸瓦与闸轮的间距，调整间距后启动电动机，停车检查制动情况
电动机堵转	可能原因：电磁抱闸制动器的线圈损坏或线圈连接线路断路，造成抱闸装置在通电的情况下没有放开	断开电源，拆下电动机的连接线；用电阻法或校验灯法检查故障

四、实施维修作业

在实施维修作业的过程中，维修技师可以按照自己拟定的故障诊断流程对起重机吸盘脱落的故障进行检测，逐一排查，通过对系统各元件及其控制电路进行检测，最终找到故障部位并对其进行维修或更换。其检修项目主要包括电机的检查与更换、电磁制动器的检查与更换、电磁控制电路的检查与更换、相关元器件的检查与更换。

五、任务工作单

【工单】电磁抱闸制动器断电制动控制电路

【任务目标】

- 掌握抱闸制动器断电制动控制电路的工作原理
- 掌握电路的布置图
- 掌握电路出现的故障及排除方法

【实施器材】布置板、常用工具、继电器、断路器、熔断器、导线、万用表等。

1．根据图示结构图写出电路的工作原理（电磁抱闸制动器断电制动控制电路图）

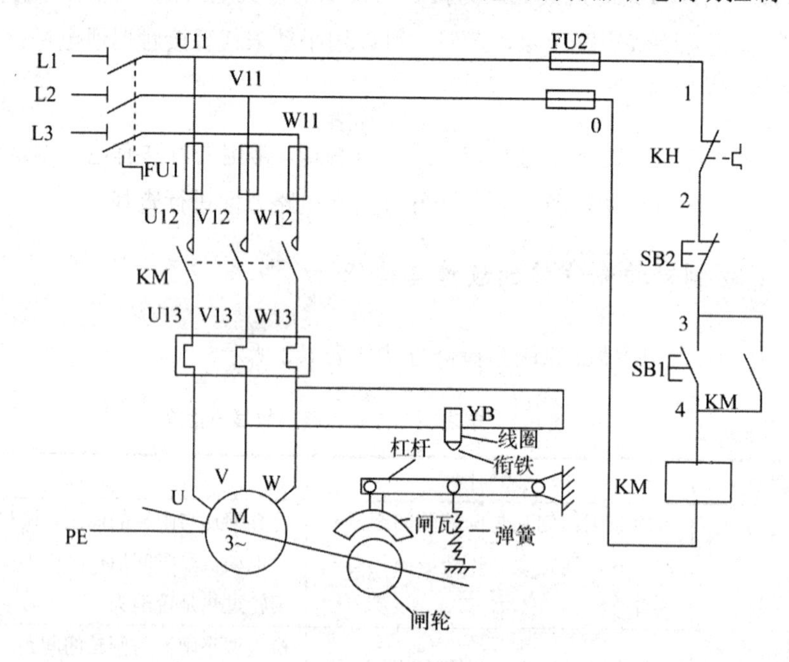

2．利用材料写出布置图，并接线

3．对安装电路进行检查并进行通电调试

4．评价总结

（1）学习评价

项目内容	配分	评分标准		扣分
选用工具、仪表及器材	15分	（1）工具、仪表少选或错选	每个扣2分	
		（2）电器元件选错	每个扣2分	
		（3）选用的元件型号、规格不全	每个扣2分	
装前检查	5分	电器元件漏检或错检	每处扣1分	
安装元件	20分	（1）电磁抱闸制动器安装不牢固、松动	扣10分	
		（2）地脚螺栓未拧紧或无放松措施	每个扣10分	
		（3）抱闸与闸轮不在同一平面，或不同心	扣10分	
		（4）电器元件安装不牢固	每个扣5分	
		（5）电器元件安装不整齐、不匀称、不合理	每个扣3分	
		（6）损坏电器元件	扣5-10分	
布线	20分	（1）不按电路图接线	扣20分	
		（2）布线不符合要求	每根扣3分	
		（3）接点松动、露铜过长、压绝缘层、反圈等	每个扣1分	
		（4）损伤导线绝缘层或线芯	每根扣5分	
		（5）漏装或套错编码套管	每个扣1分	
		（6）漏接接地线	扣10分	
调整与试车	40分	（1）电磁抱闸制动器不会调整	扣30分	
		（2）制动器调整不符合要求	扣20分	
		（3）热继电器未整定或整定错误	扣5分	
		（4）熔体规格选用不当	扣5分	
		（5）第一次试车不成功	扣10分	
		（6）第二次试车不成功	扣20分	
		（7）第三次试车不成功	扣40分	
安全文明生产	违反安全文明生产规程		扣5~40分	
定额时间	5h，每超时10min（不足10min以10min计）		扣5分	
备注	除定额时间外，各项目的最高扣分不应超过配分数		成绩	
开始时间		结束时间		实际时间

（2）自我评价

序号	任　务	评价等级			
		不会	基本会	会	很熟练
1	根据图示结构图写出电路的工作原理				
2	利用材料写出布置图，并接线				
3	对安装电路进行检查并进行通电调试				

（3）教师总评

任务七　单向异步电动机正转控制电路的安装与检修

【学习目标】

- 掌握单相异步电动机启动工作原理;
- 掌握单相异步电动机启动调速原理;
- 掌握单相异步电动机正反转工作原理;
- 用仪表检测电路安装的正确性，按照安全操作规程正确通电试运行。

一、学习任务描述

2012年6月27日，济南市民马女士购买了一台飞利浦搅拌机，闲置了两年后才开始使用。令马女士意想不到的是，在使用这台搅拌机时，过了不到一分钟，搅拌机发出了“啪啪”的声响，随后关闭电源。当再按一下开关，电动机不转动。如果你是相关维修人员，请你对该故障进行诊断检修。

二、收集单相异步电动机正转相关信息

采用单相交流电源的异步电动机称为单相异步电动机。单相异步电动机由于只需要单相交流电，故使用方便、应用广泛，并且有结构简单、成本低、噪声小、对无线电系统干扰小等优点，因而常用在功率不大的家用电器和小型动力机械中，如电风扇、洗衣机、电冰箱、空调、抽油烟机、小型风机及家用水泵等。

（一）常见单相交流电动机分类

常见单相交流电动机主要有单相电阻启动异步电动机、单相电容启动异步电动机和单相罩极式异步电动机。单相异步电动机有两套定子绕组，这是与三相异步电动机的主要区别，其中一套定子绕组负责启动，另一套负责运行。通常，负责启动的启动绕组匝数较少、导线较细，而负责运行的运行绕组匝数较多、导线较粗。

要使单相电动机能自动旋转起来，可以在定子中加上一个启动绕组，启动绕组与主绕组在空间上相差90°。如图7-1所示，启动绕组串联一个合适的电容，使其与主绕组的电

流在相位上近似相差 90°，即所谓的分相原理。这样两个在时间上相差 90°的电流通入两个在空间上相差 90°的绕组，将会在空间上产生（两相）旋转磁场，如图 7-2a 所示。在这个旋转磁场的作用下，转子就能自行启动。启动后，待转速升到一定数值时，借助于一个安装在转子上的离心开关或其他自动控制装置将启动绕组断开，正常工作时只有主绕组工作。因此，启动绕组可以做成短时工作方式。但有很多时候，启动绕组并不断开，称这种电动机为电容式单相电动机。

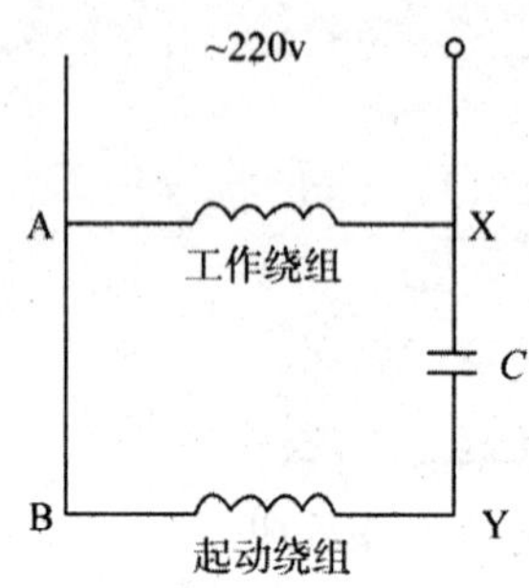

图 7-1 单相交流电动机的分相原理

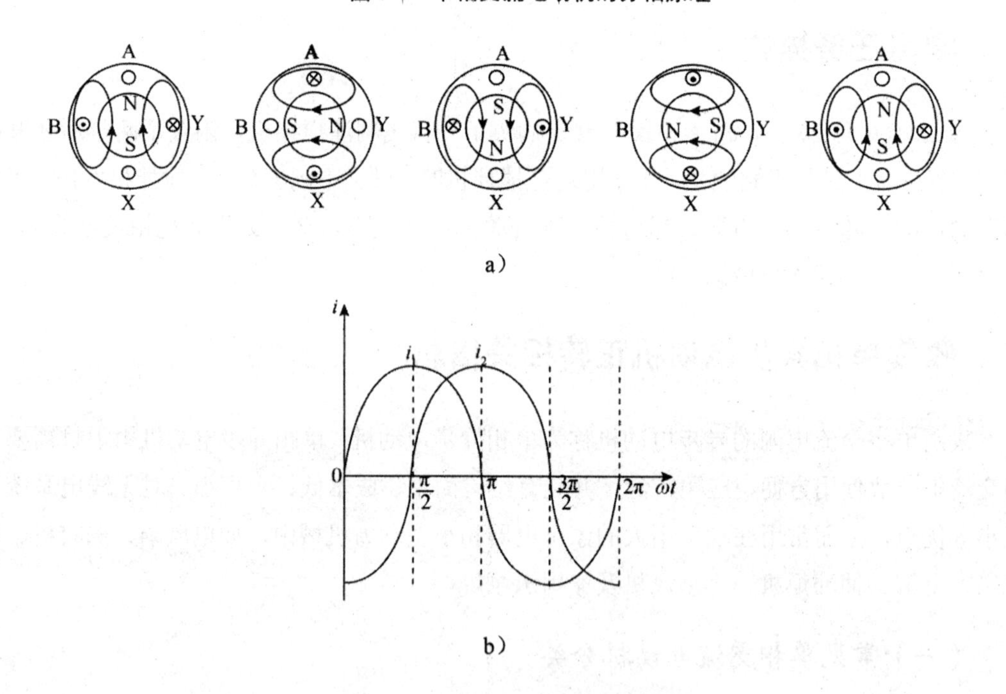

图 7-2 单相交流电动机的旋转磁场

1．单相电阻启动异步电动机

单相电阻启动异步电动机的工作原理如图 7-3 所示。其特点是电动机的工作绕组 U1U2 的匝数较多，导线较粗，因此绕组的感抗远大于直流电阻，可近似地看作流过工作绕组的电流滞后电源电压约 90°。而启动绕组 Z1Z2 的匝数较少，导线较细，又与启动电阻 R 串联，使该支路的总电阻远大于感抗，可近似认为电流与电源电压同相位。因此，可以看成

工作绕组中的电流与启动绕组的电流两者相位差近似 90°，从而在定子、转子与空气隙中产生旋转磁场，使转子产生转矩而转动。当转速达到额定值的 80%左右时，离心开关 S 断开，启动绕组不再接入电路。电阻启动异步电动机在电冰箱压缩机中得到了广泛的采用。

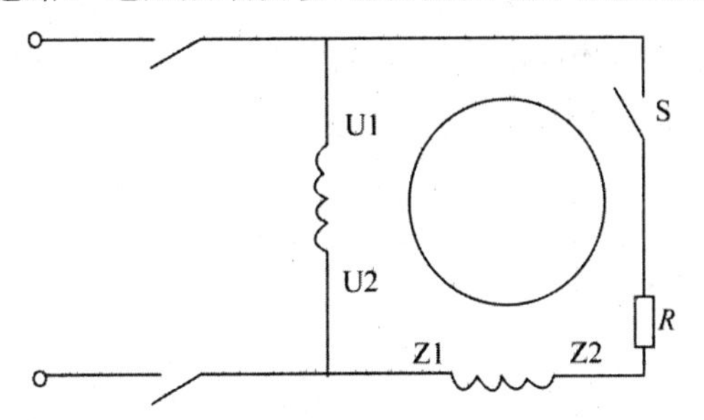

图 7-3　单相电阻启动异步电动机的工作原理

2．单相电容启动异步电动机

在电容运行异步电动机的启动绕组中串联一个离心开关 S，就构成单相电容启动异步电动机，如图 7-3 所示。当电动机转子静止或转速较低时，离心开关的两组触头在弹簧力作用下处于接通状态，即图 7-4 中的 S 闭合，启动绕组与工作绕组一起接在单相电源上，电动机开始转动；当电动机转速达到一定数值后，离心开关中的重球产生的离心力大于弹簧的弹力，则重球带动触头向右移动，使离心开关 S 断开，启动绕组将不再接入电路。

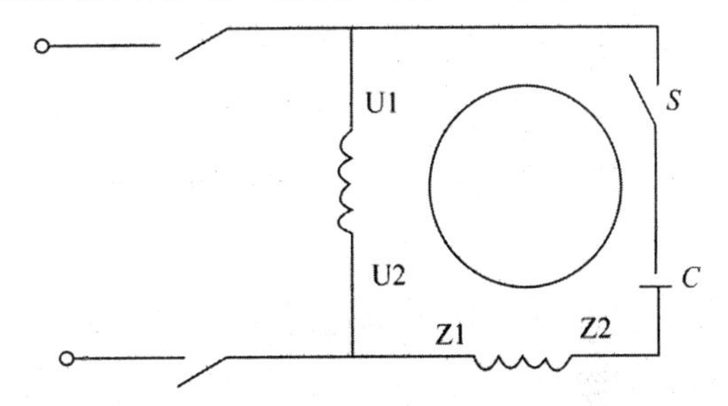

图 7-4　单相电容启动异步电动机的工作原理

分相式电动机广泛应用于电冰箱、洗衣机、空调等家用电器中。该电动机有一个笼型转子和主、副两个定子绕组。两个绕组相差一个很大的相位角，使副绕组中的电流和磁通达到最大值的时间比主绕组早一些，因而能产生一个环绕定子旋转的磁通。这个旋转磁通切割转子上的导体，使转子导体感应一个较大的电流，电流所产生的磁通与定子磁通相互作用，转子便产生启动转矩。当电动机一旦启动，转速上升至额定转速 70%时，离心开关脱开副绕组断电，电动机即可正常运行。

3．单相电容启动和运行异步电动机

如图 7-5 所示，在启动绕组 Z1Z2 回路中串入两个并联电容器 C_1 和 C_2，其中电容器

C_2串联离心开关S，启动时S闭合，两个电容器同时作用，电容量为两者之和，电动机有良好的启动性能；当转速上升到一定程度，离心开关S自动打开，断开电容器C_2，电容器C_1与启动绕组参与运行，确保良好的运行性能。可见，电容启动和运行电动机虽然结构较复杂、成本较高、维护工作量稍大，但其启动转矩大、启动电流小、功率因数和效率高，适用于空调机、小型空压机和电冰箱等。

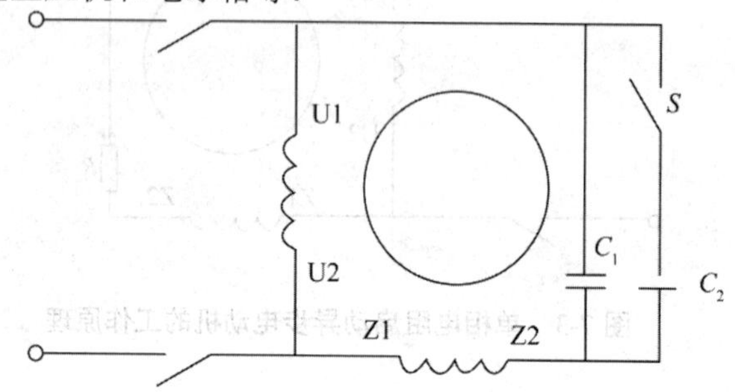

图 7-5　单相电容启动异步电动机的工作原理

4．单相罩极式异步电动机

单相罩极式异步电动机的转子仍为笼型，定子有凸极式和隐檄式两种。其中，凸极式结构最常见、凸极式转子按励磁绕组布置的位置不同，可分为集中励磁和分别励磁两种，它们的结构分别如图 7-6a 和图 7-6b 所示。凸极式转子分别励磁结构一般有两极和四极两种。在每个磁极极面的 1/4–1/3 处开有小槽，在较小部分的极面上套有铜制的短路环，就好像把这部分磁极罩起来一样，所以称为罩极式电动机。励磁绕组由具有绝缘层的铜线绕成，套装在磁极上。对分别励磁的电动机，必须正确连接以使其产生的磁极极性按 N，S，N，S 的顺序排列。

当在罩极电动机励磁绕组内通人单相交流电时，在励磁绕组与短路环的共同作用下，磁极之间形成一个连续移动的磁场，好像旋转磁场一样，从而使笼型转子受转矩作用而转动。当流过励磁绕组中的电流由零开始增大时，由电流产生的磁通也随之增大，但在铜环罩住的一部分磁极中，根据楞次定律，变化的磁通将在铜环中产生感应电动势和感应电流，力图阻止原磁通的增加，从而使被罩磁极中的磁通较疏、未罩磁极部分磁通较密，当电流达到最大值时，电流的变化率近似为零，这时短路环中没有感应电流产生，因而磁极中的磁通均匀分布，当励磁绕组中的电流由最大值下降时，短路环中又有感应电流产生，以阻止被罩磁极部分中磁通的减小，因而此时被罩部分磁通较密、未罩部分较疏。可见，罩极电动机的磁极在空间是移动的，且总是由未罩部分向被罩部分移动，从而使笼型转子获得启动转矩。单相罩极异步电动机的主要优点是结构简单、制造方便、成本低、运行时噪声小、维护方便；主要缺点是启动性能及运行性能较差、效率和功率因数都较低。常用于小功率空载启动的场合，如台式电风扇、仪用电风扇等。

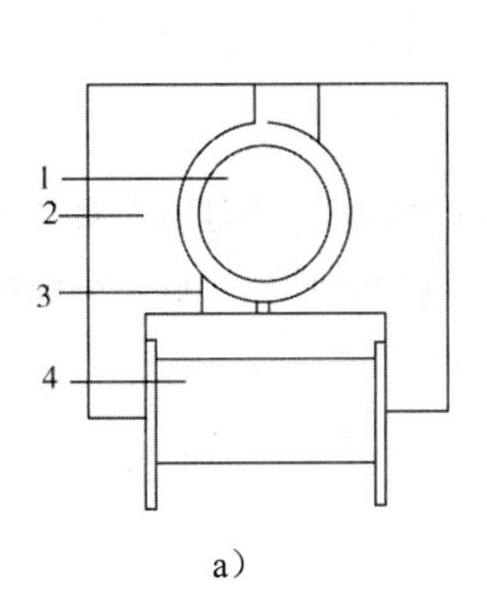

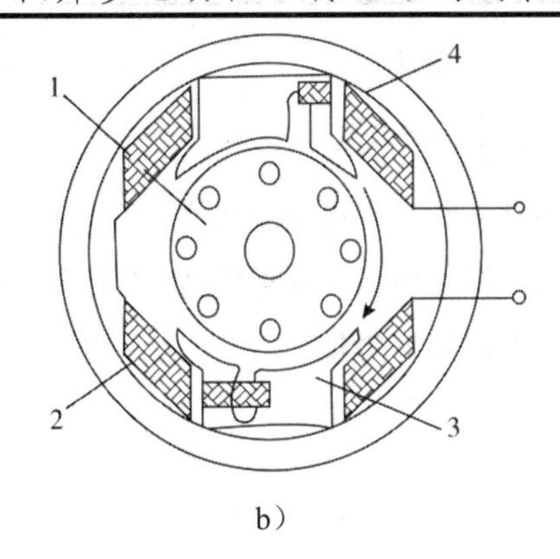

图 7-6　单相罩极式异步电动机

a）凸极式集中励磁罩极电动机结构；b）凸极式分别励磁罩极电动机结构

1-转子；2-定子绕组；3-凸极式定子铁芯；4-罩极

（二）单相异步电动机的正反转

单相异步电动机实现正反转的方法有两种：一种是改变电容串联同路；另一种是单独将任意一个绕组的两根连接线对调。具体采用何种方式要看电动机的结构而定。其正反转控制电路如图 7-7 所示。

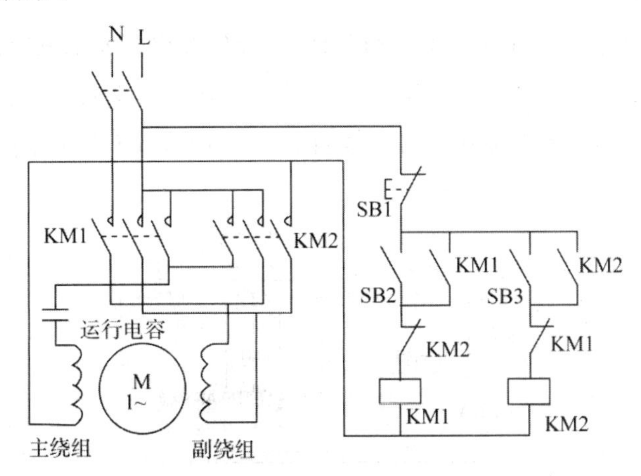

图 7-7　单相异步电动机实现正反转控制电路

单相异步电动机的维护与三相异步电动机相似，要注意电动机转速是否正常、能否正常启动、温升是否过高、有无杂音或振动、有无焦臭味等。

（三）单相异步电动机的调速正确方式

单相异步电动机常用的调速方法有两种：第一是外电路降压法，第二种是通过改变定子绕组的匝数调速。

1．外电路降压调速

如图 7-8 所示，将电动机主、副绕组并联后再与电抗器串联。调速开关接高速挡，电动机绕组直接接电源，转速最高；调速开关接中、低速挡，电动机绕组串联不同的电抗器，总电抗增大，转速降低。

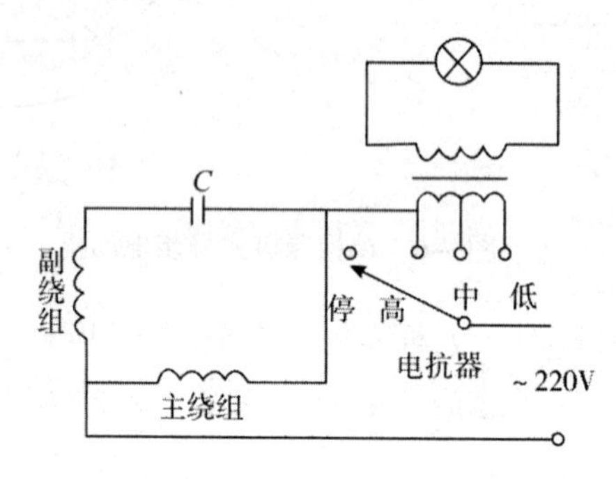

图 7-8　外电路降压调速原理图

这种方法调速比较灵活，电路结构简单，维修方便，但需要专用电抗器，成本高，耗能大，低速启动性能差。

2．采用 PTC 调速

图 7-9 所示为具有微风挡的电风扇 PTC 调速电路。此电路要求风扇在 500r/min 以下送出微风。如采用一般的调速方法，电动机在这样低的转速下很难启动。利用常温状态下 PTC 电阻很小这一特点，电动机在微风挡可直接启动；启动后，PTC 阻值增大，使电动机进入微风挡运行。

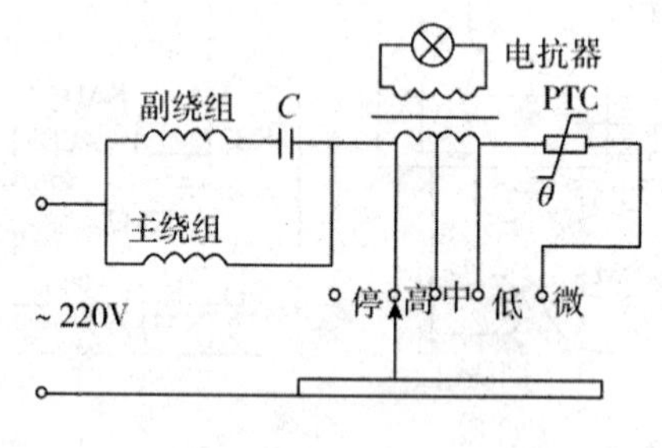

图 7-9　PTC 调速原理

3．晶闸管调压调速

如图 7-10 所示，晶闸管调压调速是通过改变晶闸管的导通角来改变电动机的电压波形，从而改变电压的有效值达到调速的目的。

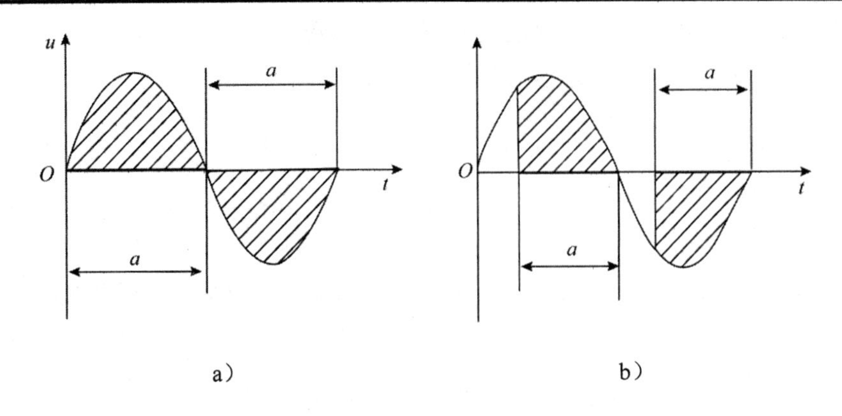

图 7-10　晶闸管调压调速

a）α=180°；b）α<180°

4．绕组抽头法调速

图 7-11 所示为绕组抽头法调速。它实际上是把电抗器调速法的电抗嵌入定子槽中，通过改变中间绕组与主、副绕组的连接方式，来调整磁场的大小和椭圆度，从而调节电动机的转速。采用这种方法调速，节省了电抗器，且成本低、功耗小、性能好，但工艺较复杂。实际应用中有 L 型和 T 型绕组抽头调速两种方法。

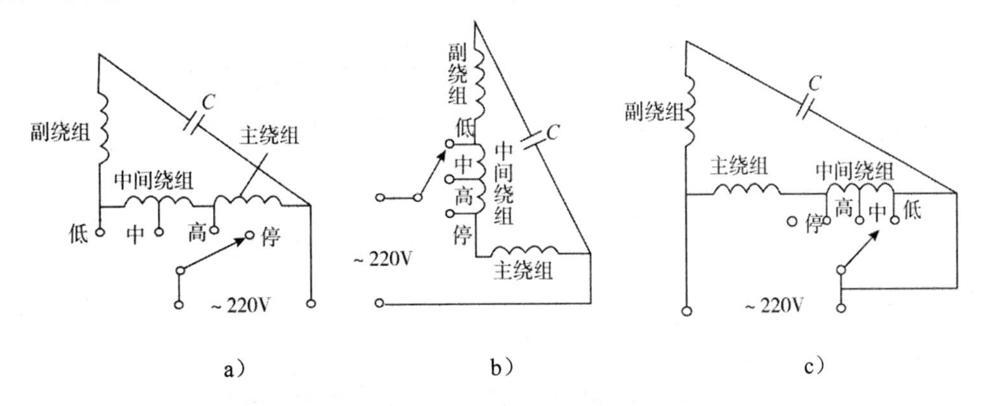

图 7-11　绕组抽头法调速

a）L-1 型；b）L-2 型；c）L-3 型

（四）单相异步电动机的安装

1．装配前的准备工作

（1）先将电机定转子内、外表面的灰尘、油污、锈斑等清理干净。

（2）再把浸漆后凝留在定子内腔表面、止口上的绝缘漆刮除干净（非重绕电机免除此项）。

（3）检查槽楔应无松动，绕组绑扎无松脱、无过高现象。

（4）检查绕组绝缘电阻应符合质量要求。

2．安装工艺

电动机安装前应测量定子绕组对机壳及主绕组与辅绕组之间的绝缘电阻，其常温阻值不低于 10MΩ，否则应对绕组进行烘干处理，可采用灯泡加热法。

电动机的轴伸直径出厂时已经磨至标准公差尺寸，因此要求用户所配套的带轮或其他配套的零件内径要选国家标准的附件。安装时用手推入或轻轻敲击轴伸台即可，严禁用锤子猛击，否则将振碎离心开关，造成电动机不能启动、损坏轴承、增大电动机的运行噪声。

电动机在安装至配套机械之前，要仔细检查电动机的底脚部分有无裂纹和影响机械强度等问题，一旦发现有问题，禁止安装使用。电动机要安装在带固定孔的平板上，并用同底脚孔相适应的螺栓固定。

为确保安全，在电动机运行前，务必把接地导线连接到电动机的接地螺钉上，并可靠接地，接地线应选用截面积不小于 $1mm^2$ 的铜导线。

（五）接线步骤方法

1．测量绕组间以及对地绝缘电阻

电动机组装后要进行绝缘测试，用兆欧表测量工作绕组与启动绕组间以及绕组外壳间的绝缘电阻值，阻值大于 0.5MΩ 以上为合格，否则必须进行绝缘处理。

2．测量绕组直流电阻

用万用表分别测量工作绕组和启动绕组的直流电阻值，通常为几欧至十几欧。启动绕组的组织大于工作绕组。

3．测量启动元件或启动开关

用万用表欧姆档测试启动电容器，电容器应有充放电现象。用万用表欧姆挡测试 PTC 元件，冷态时阻值约为几欧。用外用表欧姆挡测试启动开关的触头，应为接通状态。

三、制定维修计划

在学习任务描述的案例中，根据实际情况来判断，制定维修计划，分析搅拌机启动后产生故障的原因，并制定合理的故障诊断方案，同时准备好维修时要用到的工具和相关材料。如果维修技师缺乏对此维修的相关经验，可以通过咨询维修主管或者查阅相关资料进行学习，最终解决此故障。

（一）单相异步电动机不能启动的故障原因

1．电源正常电动机不启动故障

（1）负载过重拖不动。

（2）电源电压过于低。

（3）主辅绕组有断路。

2．电源及线路部分故障

（1）未按规范要求连接。

（2）接触头因冷热变化导致松动。

（3）导线连接处有杂质。

3．电动机接通电源后熔丝熔断

（1）定子绕组内部接线错误。

（2）定子绕组有匝间断或对地短路。

（3）电源电压不正常。

（4）熔丝选择不当。

（二）单相异步电动机常见故障与检修

单相异步电动机常见故障与检修方法如表 7-1 所示。

表 7-1　单相异步电动机常见故障与检修方法

故障现象	产生原因	检修方法
接通电源，电动机不转	电源电压不正常	用万用表检查电源电压是否过低
	电动机定子绕组断路	用万用表检查，接好断路处，并做好绝缘处理
	电容器损坏	更换电容器
	离心开关触头不闭合	调整离心开关或更换弹簧
	转子卡住	检查轴承及润滑是否正常，定子与转子是否有摩擦
	电动机过载	减载运行
空载或外力帮之下启动，但启动慢、转向不定	副绕组断路	用万用表检查，接好断路处，并做好绝缘处理
	电容器断路	用万用表检查，接好断路处，并做好绝缘处理
	离心开关触点不闭合	调整离心开关或更换弹簧

除表 7-1 中的故障外，还有一种故障：电动机通电后不转，发出“嗡嗡”声，用外力推动后可正常旋转，其故障处理方法如下。

（1）用万用表检查启动绕组是否断开。如在槽口处断开，则只需一根相同规格的绝缘线把断开处焊接，加以绝缘处理；如内部断线，则要更换绕组。

（2）对单相电容异步电动机，检查电容器是否损坏。如损坏，更换同规格的电容。判断电容是否有击穿、接地、开路或严重泄漏等，具体方法如下。

将万用表拨至×10kΩ 或×1kΩ 挡，用螺丝刀或导线短接电容两端进行放电后，把万用表两表笔接电容出线端。表针摆动可能为以下一些情况：

①指针先大幅度摆向电阻零位，然后慢慢返回初始位置——电容器完好。

②指针不动——电容器有开路故障。

③指针摆到刻度盘上某较小阻值处，不再返回——电容器泄漏电流较大。

④指针摆到电阻零位后不返回——电容器内部已击穿短路。

⑤指针能正常摆动和返回，但第一次摆幅小——电容器容量减小。

（3）对单相电阻式异步电动机，用万用表检查电阻元件是否损坏。如损坏，更换同规格的电阻。

（4）对单相启动式异步电动机，要检查离心开关（或继电器）。如触点闭合不上，可能是有杂物进入，使铜触片卡住而无法动作，也可能是弹簧拉力太松或损坏。处理方法是清除杂物或更换离心开关（或继电器）。

（5）对罩极电动机，检查短路环是否断开或脱焊，若是则应更换短路环或在断开处进行焊接。

四、实施维修作业

在实施维修作业的过程中，维修技师可以按照自己拟定的故障诊断流程对启动机无法启动的故障进行检测，逐一排查，通过启动系统各元件及其控制电路进行检测，最终找到故障部位并对其进行维修或更换。其检修项目主要包括电枢的检查与更换、定子检查与更换、电刷的检查与更换、电容的检查与更换、电磁开关的检查与更换等。

五、任务工作单

【工单】单相异步电动机正反转控制电路

【任务目标】

- 正确拆装单相异步动机
- 掌握电动机的工作原理
- 正确分解组装电动机

【实施器材】风扇、常用电工工具、导线、万用表等。

1．写出下图电路的控制原理

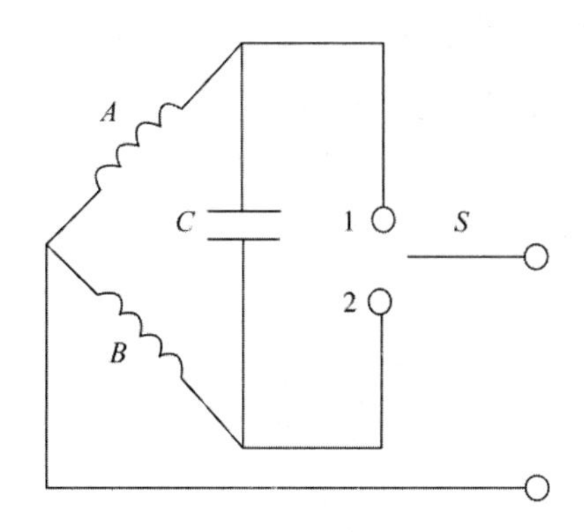

2．利用材料安装该控制电路并调试

3．写出该电路可能出现的故障并检修

4．评价总结

（1）学习评价

项目内容	配分	评分标准		扣分
装前检查	20 分	（1）电动机质量漏检	扣 10 分	
		（2）低压开关漏检或错检	每处扣 5 分	
安装	40 分	（1）电动机安装不符合要求：		
		1）地脚螺栓紧松不一或松动	扣 20 分	

		2）缺少弹簧垫圈、平垫圈、防震物　每个扣 5 分 （2）控制板或开关安装不符合要求： 1）位置不适当或松动　扣 20 分 2）紧固螺栓（或螺钉）松动　每个扣 5 分 （3）电线管支持不牢固或管口无护圈　扣 5 分 （4）导线穿管时损伤绝缘　扣 15 分	
接线及试运行	30 分	（1）不会使用仪表或测量方法不正确　每个仪表扣 5 分 （2）各接点松动或不符合要求　每个扣 5 分 （3）接线错误造成通电一次不成功　扣 30 分 （4）控制开关进、出线接错　扣 15 分 （5）电动机接线错误　扣 20 分 （6）接线程序错误　扣 15 分 （7）漏接接地线　扣 20 分	
检修	10 分	（1）查不出故障　扣 10 分 （2）查出故障但不能排除　扣 5 分	
安全文明生产	违反安全文明生产规程　扣 5~40 分		
定额时间	6h，每超时 10min（不足 1 min 以 10min 计）　扣 5 分		
备注	除定额时间外，各项目的最高扣分不应超过配分数	成绩	
开始时间		结束时间		实际时间	

（2）自我评价

序号	任　务	评　价　等　级			
		不会	基本会	会	很熟练
	1 写出上图电路的控制原理				
	2 用材料安装该控制电路并调试				
	3 按图示写出单相异步电动机的运转原理				

（3）教师总评

任务八　CA6140 车床电气控制电路的安装与检修

【学习目标】

- 掌握 CA6140 车床主要结构、运动方式。
- 了解分析电气控制原理、布置图及检查方法。
- 掌握组成车床各组成部件在电路中的功能。
- 识别和选用元器件，按图样、工艺要求、安全规程，安装元器件、连接电路;

一、学习任务描述

2010 年 6 月 6 日，某机械厂机加工车间女车工尹某，使用普通卧式车床进行作业，作业完成后，尹某关闭开关，这时主轴电机还在运转，不能停止，于是找专业维修人员进行检修，如果你是维修人员，请你对该故障进行诊断并维修。

二、收集 CA6140 车床电气控制电路相关信息

（一）CA6140 普通车床的主要结构

普通车床主要由床身、主轴箱、挂轮箱、进给箱、溜板箱、溜板与刀架、尾架、丝杠、杠杆等部分组成。CA6140 普通车床型号的组成形式及含义如图 8-1 所示。

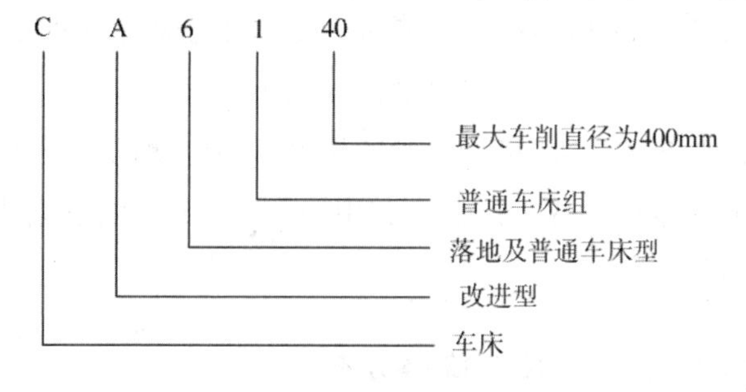

图 8-1　CA6140 普通车床型号的组成形式及含义

CA6140 型车床结构示意图如图 8-2 所示。

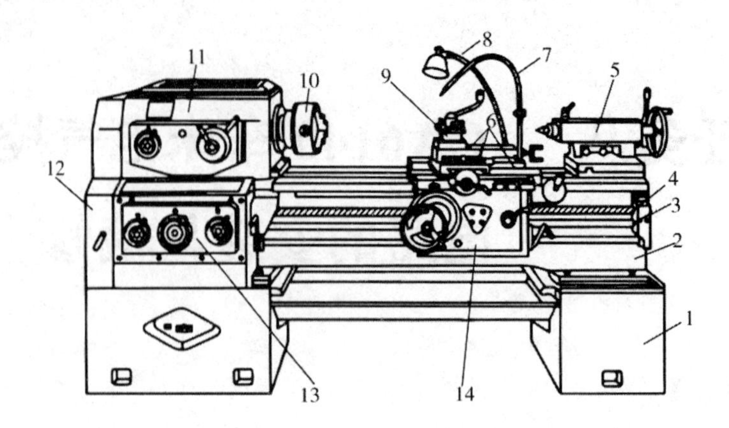

图 8-2　CA6140 型车床结构示意图

1-床腿；2 床身 ；3-光杆；4-丝杠；5-尾架；6-滑板；7-冷却液喷管；

8-照明灯；9-刀架；10-主轴；11-主轴箱；12-挂轮箱；13-进给箱；14-溜板箱

（二）CA6140 普通车床的运动形式与控制要求

车床主要用于加工各种回转表面，在进行车削加工时，工件被夹在卡盘上由主轴带动旋转；加工工具——车刀被装在刀架上，由溜板、溜板箱带动作横向和纵向运动，以改变车削的位置和深度。这样看来，车床的主运动是主轴的旋转运动，进给运动是溜板箱带动刀架的直线运动，辅助运动是刀架的快速移动和工件的被加紧与放松。

从车床的加工工艺特点出发，中小型卧式车床的电气控制要求如下：

（1）主轴电动机一般选用三相笼型异步电动机。为了满足主运动与进给运动之间严格的比例关系，只用一台电动机来驱动。为了满足调速要求，通常采用机械变速。

（2）为了车削螺纹，要求主轴电动机能够正反向运行。由于主轴电动机容最较大，主轴的正反向运行则靠摩擦离合器来实现，电动机只作单向旋转。

（3）车削加工时，为防止刀具与工件温度过高，需要冷却液对其进行冷却，为此设置一台冷却泵电动机，冷却泵电动机只需单向旋转。当主轴电动机启动后冷却泵电动机才能动作，当主轴电动机停车时，冷却泵电动机应立即停车。

（4）为实现溜板的快速移动，应由单独的快速移动电动机来拖动，即采用点动控制。

（5）电路应具有必要的短路、过载、欠电压和零电压等保护环节，并具有安全可靠的局部照明和信号指示。

（三）CA6140 车床电气控制线路分析

CA6140 车床的电气原理图如图 8-3 所示。

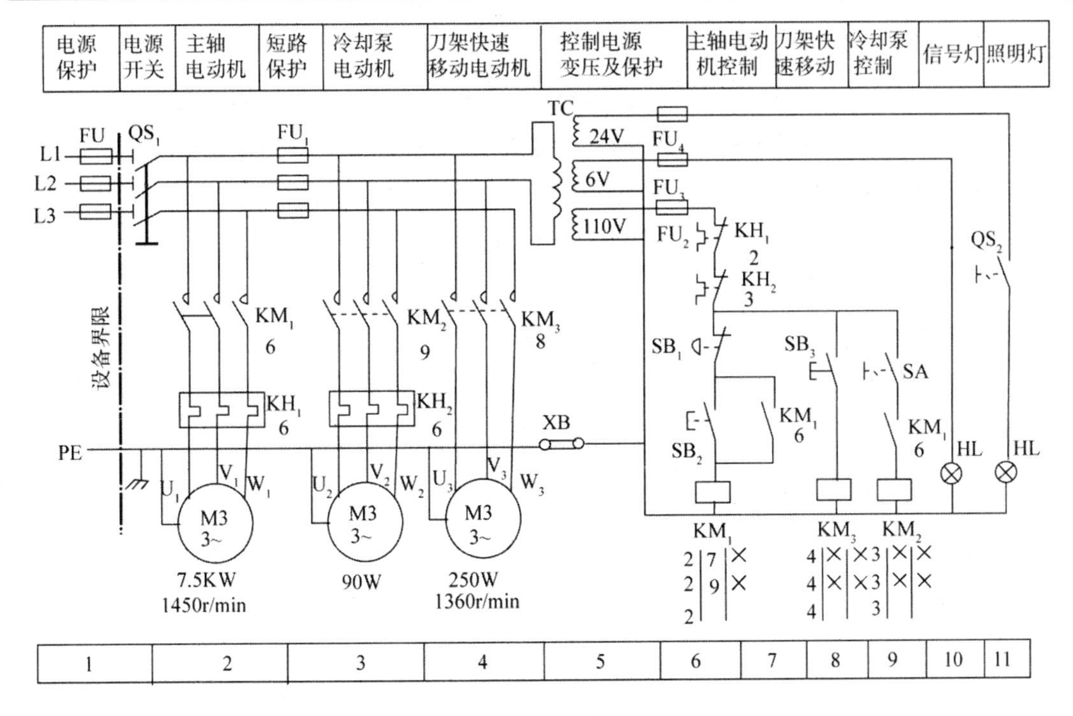

图 8-3　CA6140 型车床控制电路图

1. 主电路分析

该机床主电路有三台控制电机。

（1）主电机 M1，完成主轴主运动和刀具的纵横向进给运动的驱动。该电动机为不能调速的笼型感应电动机，主轴采用机械变速，正反向运动采用机械换向机构。

（2）冷却泵电动机 M2，其加工时提供冷却液，以防止刀具和工件的温升过高。

（3）电动机 M3，是刀架快速移动电动机，可根据需要，随时手动控制启动或停止。

电动机均采用全压直接启动，皆为接触器控制的单向运行控制电路。三相交流电源通过低压断路器 QS 引入，接触器 KM1 的主触头控制 M1 的启动和停止；接触器 KM2 的主触头控制 M2 的启动和停止：接触器 KM3 的主触头控制 M3 的启动和停止。

M1、M2 为连续运动的电动机，分别利用热继电器 KH1、KH2 作过载保护；M3 为短时工作电动机，因此未设过载保护。熔断器 FU1、FU2 分别对主电路、控制电和辅助电路实行短路保护。

2. 控制电路分析

控制电路的电源为制变压器 TC 次级输出 110 V 电压。

（1）主轴电动机的控制：采用了具有过载保护全压启动控制的典型环节。按下启动按钮 SB2，接触器 KM1 得电吸合，其辅助动断触头 KM1 闭合自锁，KM1 的主触头闭合，主轴电动机 M1 启动；同时其辅助动合触头 KM1 闭合，作为 KM2 得电的先决条件，按下停止按钮 SB1，接触器 KM1 失电释放，电动机 M1 停转。

（2）冷却泵电动机 M2 的控制：采用两台电动机 M1、M2 顺序连续控制的典型环节，以满足生产要求，使主轴电动机启动后，冷却泵电动机才能启动：当主轴电动机停止运行时，冷却泵电动机也自动停止运行。主轴电动机 M1 启动后，即在接触器 KM1 得电吸合的情况下，其辅助动合触头 KM1 闭合，因此合上开关 SQ 1，使接触器 KM2 线圈得电吸合，冷却泵电动机 M2 才能启动。

（3）刀架快速移动电动机 M3 的控制：采用点动控制。按下按钮 SB3，KM3 得电吸合，其主触头闭合，对 M3 电动机实施点动控制。电动机 M3 经传动系统，驱动溜板带动刀架快速移动。松开 SB3、KM3 失电释放，电动机 M3 停转。

3．照明与电源信号电路

电源同样由 TC 提供，照明电压 24 V 为安全电压，EL 由转换开关 SQ2 控制；HL 为电源信号灯，信号电压为 6.3 V，只要三相电源正常，HL 就工作，分别由 FU3、FU4 作短路保护。CA6140 型卧式车床电气元件实际位置图，如图 8-4 所示。

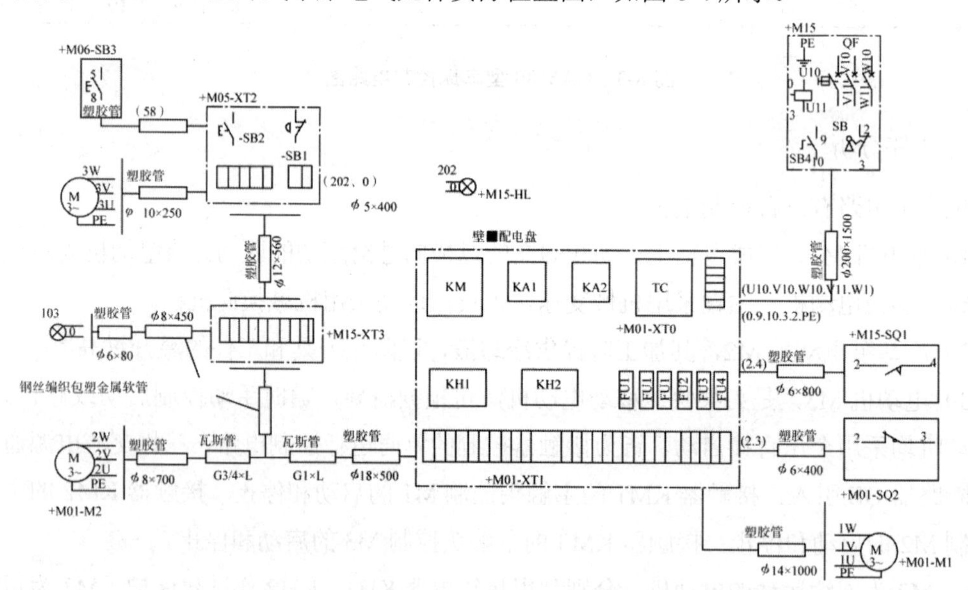

图 8-4　CA6140 型卧式车床电气元件实际位置图

根据电动机的规格选择工具、仪表盒器材，并进行质量检验，见表 8-1。

表 8-1　电动机的质量检验

<table>
<tr><td>工具</td><td colspan="5">验电器、螺钉旋具、尖嘴钳、斜口钳、剥线钳、电工刀等电工常用工具</td></tr>
<tr><td>仪表</td><td colspan="5">ZC25-3 型绝缘电阻表（500V）、MC3-1 型钳形电流表、MF47 型万用表</td></tr>
<tr><td rowspan="23">器材</td><td>代号</td><td>名称</td><td>型号</td><td>规格</td><td>数量</td></tr>
<tr><td>M1</td><td>主轴电动机</td><td>Y132M-4</td><td>7.5kW、1450r/min</td><td>1</td></tr>
<tr><td>M2</td><td>冷却泵电动机</td><td>AOB-25</td><td>90W3000r/min</td><td>1</td></tr>
<tr><td>M3</td><td>快速移动电动机</td><td>AOS5634</td><td>250W</td><td>1</td></tr>
<tr><td>KH1</td><td>热继电器</td><td>JR16-20/3D</td><td>15.4A</td><td>1</td></tr>
<tr><td>KH2</td><td>热继电器</td><td>JR16-20/3D</td><td>0.32A</td><td>1</td></tr>
<tr><td>KM</td><td>交流接触器</td><td>CJT1-20B</td><td>20A、线圈电 110V 压 380V</td><td>1</td></tr>
<tr><td>KA1</td><td>中间继电器</td><td>JZ7-44</td><td>110V</td><td>1</td></tr>
<tr><td>KA2</td><td>中间继电器</td><td>JZ7-44</td><td>110V</td><td>1</td></tr>
<tr><td>SB1</td><td>按钮</td><td>LAY3-01ZS/1</td><td></td><td>1</td></tr>
<tr><td>SB2</td><td>按钮</td><td>LAY310/3.11</td><td></td><td>1</td></tr>
<tr><td>SB3</td><td>按钮</td><td>LA9</td><td></td><td>1</td></tr>
<tr><td>SB4</td><td>旋钮开关</td><td>LAY3-10X/2</td><td></td><td>2</td></tr>
<tr><td>SQ1S
Q2</td><td>位置开关</td><td>JWM6-11</td><td></td><td>1</td></tr>
<tr><td>HL</td><td>信号灯</td><td>ZSD-0</td><td>6V</td><td>1</td></tr>
<tr><td>QF</td><td>断路器</td><td>AM2-40</td><td>20A</td><td>1</td></tr>
<tr><td>TC</td><td>控制变压器</td><td>JBK2-100</td><td>308V/110V/24V/6V</td><td>1</td></tr>
<tr><td></td><td>主电路塑铜线</td><td></td><td>BV 1.5mm^2 和 BVR 1.5mm^2</td><td>若干</td></tr>
<tr><td></td><td>控制电路塑铜线</td><td></td><td>BV 1.0mm^2</td><td>若干</td></tr>
<tr><td></td><td>按钮塑铜线</td><td></td><td>BVR 0.75mm^2</td><td>若干</td></tr>
<tr><td></td><td>接地塑铜+线</td><td></td><td>BVR 1.5mm^2（黄绿双色）</td><td>若干</td></tr>
<tr><td></td><td>木螺钉</td><td></td><td>5mm×30mm</td><td>若干</td></tr>
<tr><td>质检要求</td><td colspan="5">①根据电动机规格检验选择的工具、仪表、器材等是否满足要求
②电器元件外观应完整无损，附件、备件齐全
③用万用表、绝缘电阻表检测电器元件及电动机的技术数据是否符合要求</td></tr>
</table>

（四）安装电器元件

电器元件安装应牢固、整齐、匀称，间距合理，便于元件的更换，如图 8-5 所示。

图 8-5　电器元件的安装

（五）进行板前明线布线

（1）通过查阅 CA6140 型卧式车床相关资料和分析 CA6140 型卧式车床控制电路原理图、CA6140 型卧式车床电气控制元件作用，掌握 CA6140 型卧式车床电气控制原理及控制开关、按钮及各电器元件的作用。

（2）通过在实习车间观察 CA6140 型卧式车床的操作，了解 CA6140 型卧式车床的运动形式和操作步骤。

（3）在教师的指导下对 C A6140 型卧式车床控制电路进行模拟配电盘安装。通过配盘安装及试车熟悉电路原理和电器元件问的连接关系。

（六）检查安装质量

用万用表检查电路的正确性，严禁出现短路故障。用绝缘电阻表检查电路的绝缘电阻大于或等于 lMΩ。

（七）通电试运行

将三相交流电源接入低压断路器，经指导教师检查合格后进行通电试运行。

三、制定维修计划

在学习任务描述的案例中，根据反映的实际情况作出检测与判断。维修技师将根据车床的故障现象，分析车床刀架故障原因，并制定合理的故障诊断方案，同时准备好车床维修时要用到的工具和材料。如果维修技师对维修中的相关技术要求及知识缺乏了解，可以通过咨询维修主管或者查阅相关资料进行学习。

（一）A6140 型号机床电路图

对于机床故障，通常在断电情况下按照“片线点”的顺序，排除故障。具体方法是：依据故障现象，确定故障范围（即“片”），比如主电机不转，原因有可能在主电路也有可

能在控制电路，要根据操作机床时的各种现象，来具体判断是哪“片”电路出了问题；分析原理，进一步确定是哪条“电路”出了问题，再用万用表测量是哪“点”出现了短路、断路或器件损坏等故障。找出故障点后排除故障，再次试车时，一定要先排除电路存在的短路故障。检查故障通常是断电检查，必要时通电检查，常用的仪表有验电笔、万用表和摇表，如电路中有直流电路，有可能需要示波器。CA6140 型号机床电路图如图 8-6 所示。

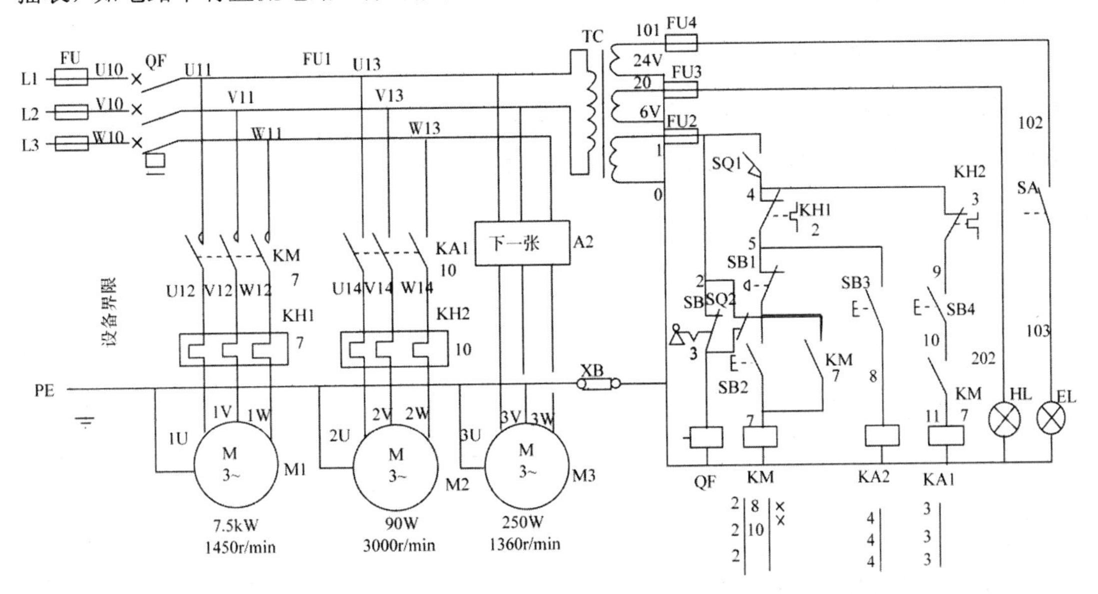

图 8-6　CA6140 型号机床电路图

（二）CA6140 普通车床的启动机不能启动故障原因

1．主轴电动机 M1 故障

（1）控制电路没有电压。

（2）控制电路中的熔断器 FU2 熔断。

（3）接触器 KM1 未吸合。启动按钮 SB2,，接触器 KM1 若不动作，故障必定在控制电路。如按钮 SB1、SB2 的触头接触不良，接触器线圈断线，就会导致 KM1 不能通电动作；启动按钮 SB2 后，若接触器吸合，但主轴电动机不能启动，故障原因必定在主电路中，可依次检查接触器 KM1 主触点及三相电动机的接线端子等是否接触良好。

2．主轴电动机故障

这类故障多数是由于接触器 KM1 的铁芯极面上的油污使铁芯不能释放或 KM1 的主触点发生熔焊，或停止按钮 SB1 的常闭触点短路所造成的。应切断电源，清洁铁芯极面的污垢或更换触点，即可排除故障。

3．主轴电动机的运转故障

当按下按钮 SB2 时，电动机能运转，但放松按钮后电动机即停转，这是由于接触器 KM1 的辅助常开触头接触不良或位置偏移、卡阻现象引起的故障。这时只要将接触器 KM1 的辅助常开触点进行修整或更换即可排除故障。辅助常开触点的连接导线松脱或断裂也会使电动机不能自锁。

4．刀架快速移动电动机故障

按点动按钮 SB3，中间继电器 KA2 未吸合，故障必然在控制电路中，这时可检查点动按钮 SB3、中间继电器 KA2 的线圈是否断路。CA6140 车床常见电气故障分析与检修（用电压测量法检修电路故障），其电路图如图 8-7 所示。

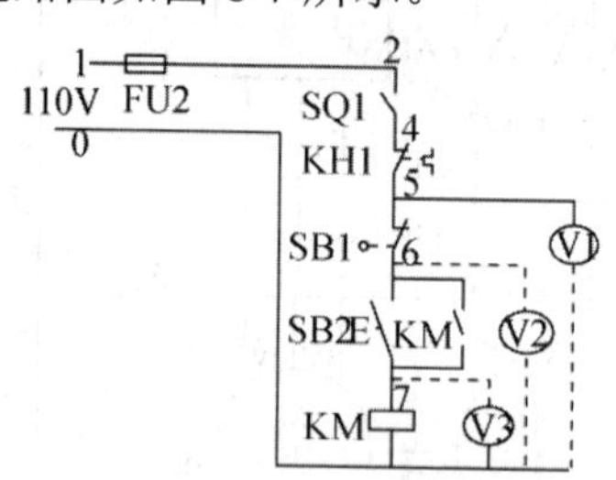

图 8-7　CA6140 车床电路图

（1）故障现象：按下 SB2、SQl，KM 线圈不吸合，检修方法如表 8-2 所示。

表 8-2　按下 SB2、SQl，KM 线圈不吸合的检修

测量线路及状态	V1	V2	V3	故障点	排除方法
按下 SB2 不放，万用表黑表笔固定在 0 号线	110V	0	0	SB1 接触不良或接线脱落	更换 SB1 或将脱落线接好
	110V	110V	0	SB2 接触不良或接线脱落	更换 SB2 或将脱落线接好
	110V	110V	110V	KM 线圈开路或接线脱落	更换线圈或将脱落线接好

（2）其他车床电气故障与检修，如表 8-3 所示。

表 8-3　其他车床电气故障与检修

故障现象	故障原因	处理方法
主轴电动机 M1 启动后不能自锁，即按下 SB2，M1 启动运转，松开 SB2，M1 随之停止	接触器 KM 的自锁触头接触不良或连接导线松脱	合上 QF，测 KM 自锁触头（6、7）两端的电压，若电压正常，故障是自锁触头接触不良，若无电压，故障是连线（6、7）断线或松脱

主轴电动机 M1 不能停止	KM 主触头熔焊；停止按钮 SB1 被击穿或线路中 5、6 两点连接导线短路；KM 铁心端面被油垢黏牢不能脱开	断开 QF，若 KM 释放，说明故障是停止按钮 SB1 被击穿或导线短路；若 KM 过一段时间释放，则故障为铁心端面被油垢黏牢
主轴电动机运行中停车	热继电器 KH1 动作	找出 KH1 动作的原因，排除后使其复位

（3）控制电路故障，如表 8-4 所示。

表 8-4　控制电路故障

故障现象	原因	故障点	检查方法
按下 SQ2 后，启动	停电或断路故障	电源是否有电 FU1、FU2、FU、SQ1、KH1、SB1、SB2、KM	查看电源电压表是否有电熔断用电笔或万用表检测断路点
按下 SB2 后，QS 跳闸	短路故障	M1 绕组击穿或部分击穿 KM 线圈击穿或部分击穿 TC 绕组击穿或部分击穿	万用表查三相绕组 万用表查 KM 线圈 查看是否烧焦
HL 或 EL 不亮	断路或灯泡损坏	SA 不能闭合 HL 或 EL、FU3 或 FU4 熔断	电笔或万用表检测灯座接触是否良好，是否有漏电处千万熔丝熔断
合上 SB4，M2 不启动	断路故障	KH2、SB4、KM 常开 KA1 线圈	用电笔或万用表检测短路点

四、实施维修作业

在实施维修作业的过程中，维修技师可以按照自己拟定的故障诊断流程对车床的故障进行检测，逐一排查，最终找到故障部位并对其进行维修或更换。其检修项目主要包括电主轴电机的检查与更换、刀架安装的检查与更换等。

五、任务工作单

【工单】CA6140 车床的控制电路

【任务目标】

➢　掌握 CA6140 的主控电路工作原理

➢　分析起控制电路

➢　排除控制电路的故障

【实施器材】测电笔、电工刀、剥线钳、尖嘴钳、螺钉旋具、万用表、5050 型兆欧表、器材控制板、走线槽、各种规格软线和紧固体、金属软管、编码套管等。

1．写出主控电路中三台电动机的控制原理

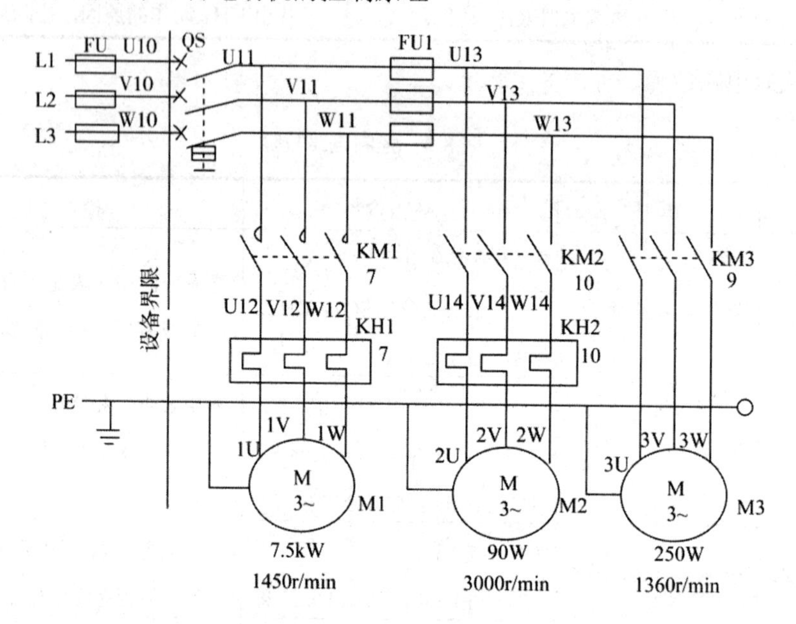

2．利用元器件及材料安装电路图并画出布置图

3．对安装后的电路进行自检与调试

4．写出主控电路中出现的故障及排除方法

5．评价总结

（1）学习评价

<table>
<tr><td>项目内容</td><td>配分</td><td colspan="3">评分标准</td><td>扣分</td></tr>
<tr><td>器材选用</td><td>10 分</td><td colspan="3">（1）电器元件选错型号和规格　每个扣 2 分
（2）导线选用不符合要求　扣 4 分
（3）穿线管、编码套管等选用不当　每项扣 2 分</td><td></td></tr>
<tr><td>装前检查</td><td>5 分</td><td colspan="3">电器元件漏检或错检　每处扣 1 分</td><td></td></tr>
<tr><td>安装布线</td><td>50 分</td><td colspan="3">（1）电器元件布置不合理　扣 5 分
（2）电器元件安装不牢固　每只扣 4 分
（3）损坏电器元件　每只扣 10 分
（4）电动机安装不符合要求　每台扣 5 分
（5）走线通道敷设不符合要求　每处扣 4 分
（6）不按电路图接线　扣 20 分
（7）导线敷设不符合要求　每根扣 3 分
（8）漏接接地线　扣 10 分</td><td></td></tr>
<tr><td>通电试车</td><td>35 分</td><td colspan="3">（1）热继电器未整定或整定错误　每只扣 5 分
（2）熔体规格选用不当　每只扣 5 分
（3）试车不成功　扣 30 分</td><td></td></tr>
<tr><td>安全文明生产</td><td colspan="4">违反安全文明生产规程　扣 10-70 分</td><td></td></tr>
<tr><td>定额时间</td><td colspan="4">12h，训练不允许超时，在修复故障过程中才允许超时，每超时 5min（不足 5min 以 5min 计）　扣 5 分</td><td></td></tr>
<tr><td>备注</td><td colspan="3">除定额时间外，各项目的最高扣分不应超过配分数</td><td>成绩</td><td></td></tr>
<tr><td>开始时间</td><td></td><td>结束时间</td><td></td><td>实际时间</td><td></td></tr>
</table>

（2）自我评价

序号	任务	评价等级			
		不会	基本会	会	很熟练
1	写出主控电路中三台电动机的控制原理				
2	利用元器件及材料安装电路图并画出布置图				
3	对安装后的电路进行自检与调试				
4	写出主控电路中出现的故障及排除方法				

（3）教师总评